최준석의 과학 열전 3

천문 열전

천문 열전

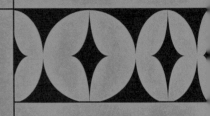

최준석의
과학 열전 3

블랙홀과
중성자별이
충돌한다면?

최
준
석

사이언스
SCIENCE 북스
BOOKS

별이 된 이선이(1911~2002년) 할머니께 이 책을 바칩니다.

이제 사람으로 과학을 배운다

어쩌다 읽게 된 과학책이 나를 여기까지 밀고 왔다. 50대 들어 교양 과학책을 읽기 시작했다. 책들은 재밌었다. 때로 깔깔댔고, 때로 심오함에 감탄했다. 쾌락과 의미를 찾아 계속해서 과학책을 읽었고, 그러다 보니 자연 과학 책이 집 책장을 가득 채우게 됐다. 몇 권이나 있는지 모른다. 1,000권 가까이 있을 것이다.

교양 과학책에는 외국 과학자 이름이 줄줄이 나왔고, 덕분에 노벨상을 받은 사람들 이름은 조금 알게 되었다. 노벨상 연구를 보면 현대 과학의 흐름을 파악하게 된다는 말을 실감했다. 그런데 뭔가 허전함이 있었다. 현대 과학을 만든 인물들을 알아 갈수록 한국 과학자가 궁금했다. 한국 과학자는 누가 있고, 그들은 무엇을 연구하고 있을까? 두 가지 궁금증에 대한 답을 찾아 한국의 물리학자와 천문학자들을 만나러 다녔다.

처음에는 누구를 만나야 할지 몰랐다. 학계 내부를 전혀 몰랐고,

누가 맹활약하는지 알려 주는 지도를 찾을 수 없었다. 문과 출신이기에 자연 과학을 공부한 친구도 거의 없다. 궁한 대로, 대학교 웹사이트를 검색해서 보았다. 이름들이 있으나, 누가 열심히 하고 잘하는지 알 수 없었다. 서울 대학교, 카이스트 교수라고 해서, 모두 잘하는 건 아니니까.

맨 먼저 만난 사람은 인하 대학교 핵물리학자 윤진희 교수다. 지인이 소개해 줬다. 그를 만날 때 나는 이론 물리학과 실험 물리학이 어떻게 다른지도 몰랐다. 윤 교수는 스위스 제네바에 있는 유럽 입자 물리학 연구소(Conseil Européenne pour la Recherche Nucléaire, CERN)의 핵물리학 실험에 참여하고 있었다. CERN의 27킬로미터 길이 지하 터널에는 지구 최대의 입자 가속기인 대형 강입자 충돌기(Large Hadron Collider, LHC)가 있다. 물리학자들은 그곳에서 만들어지는 입자들을 보고 자연의 비밀을 캐고 있다. 윤진희 교수가 제네바까지 가는 이유는 한국에는 그것과 같은 거대 과학(big science) 실험 시설이 없기 때문이다.

두 번째로 만난 물리학자는 서울 과학 기술 대학교 박명훈 교수다. 그 역시 CERN이 있는 스위스 제네바에서 살며 연구한 바 있다. 그는 실험가가 아니고, 입자 물리 이론(현상론)을 한다. 입자 검출기에서 나오는 데이터로 이론을 만들고 연구한다.

나는 만나는 물리학자들에게 학계 내에서 열심히 하는 학자들을 소개해 달라고 했다. 그렇게 취재 리스트를 만들 수 있었고, 명단 속의 인물들에게 전자 우편을 보내기 시작했다. 처음에는 '듣보잡'인 내게 시간을 잘 내주지 않았다. 이 문제는 시간이 지나면서 해결되었다. 과학자를 만나 어떤 글을 썼는지를 보여 주는 자료를 같이 보내자, 상당수는 흔쾌히 인터뷰 요청에 응했다. '이런 글을 쓰는 사람이라면, 시간을 내줄 수 있다.'라고 생각한 게 아닌가 싶다. 이렇게 1년에 걸쳐 50여 명 이상의 물리학자와 천문학자를 만났다.

그들이 들려주는 이야기는 이해하기 쉽지 않았다. 설명을 듣다 보면, 소위 '멘붕'이 오기도 했다. 만나는 시간은 2시간 이상이었다. 질문을 시작하고 시간이 좀 지나면 새로운 정보를 흡수하는 속도가 느려져서 그런지 내 머리가 잘 돌아가지 않았다. 때로 일반인인 내게 자신의 연구를 설명하기 힘들어하는 사람도 있었다. 전문 용어가 아닌, 일상적인 언어로 설명하는 건 그들에게도 익숙한 일이 아니었다. 반면 과학자로 살아온 부분은 쉽고 흥미로웠다.

물리학자를 만나러 서울 말고도 대전과 포항을 많이 찾았다. 가장 긴 시간 만난 사람은 응집 물질 물리학자인 염한웅 포항 공과 대학교 교수 겸 기초 과학 연구원(IBS) 연구단 단장이다. 그를 만난 건 크리스마스 다음 날이었고, 5시간 가까이 질문하고 답을 들었다.

그렇게 다니다 보니, 어느 순간 내가 '한국 과학자를 한국인에게 가장 많이 소개한 기자' 아닌가 하는 생각을 하게 되었다. 어느 기자가 그렇게 한국 과학자에 관심을 두고 그들의 연구와 학자로 살아온 길을 조명해 왔나 싶다.

시간이 지나면서 한국 물리학계와 천문학계의 내부 사정도, 한국 물리학계와 천문학계의 국제적인 위상도 이해할 수 있었다. 가령 입자 물리학자들은 국립 고에너지 물리 연구소 설립을 간절히 바라고 있다. 한국은 비슷한 경제 수준의 나라 중에서 고에너지 물리 연구소가 없는 거의 유일한 국가라고 물리학자들은 입을 모은다. 물리학자와 천문학자 100명은 "한국 중성미자 관측소(Korean Neutrino Observatory, KNO)를 만들어 달라."라고도 요구하고 있다. 천문학자들은 후발 주자인 한국이 천문학 분야에서 세계적인 수준으로 올라갈 수 있는 한 방법이 '한국 중성미자 관측소' 건립이라고 말한다. 한국 천문학자들은 열심히 하고 있으나, 연구자 수가 부족하고 장비도 없다. 일본과 비교하면 인구 대비 천문학자 비율이 훨씬 낮다. 장비를 보면 선진국은 지상에서는 거대 망원경 프로젝트를 주도하고, 우주에는 우주 망원경을 띄워 과학적인 질문에 답하려 한다. 한국은 그런 게 미미하다. 천문학 분야 투자가 작기 때문이다.

이 책에는 그런 한국 물리학자들과 천문학자들이 갈등을 느끼는 이야기가 나와 있다. 과학자들의 요구에 한국 사회가 귀를 닫고 있는 한, 노벨 물리학상을 기대할 수는 없을 것이다.

부끄럽게도 내 이름을 단 시리즈, 「최준석의 과학 열전」의 첫 번째 책인 『물리 열전 상』은 21세기 초 물리학의 큰 흐름을 보여 주며, 한국 물리학자는 지금 무엇을 하고 있는지 잘 전달한다고 생각한다. 책의 앞쪽에는 암흑 물질 연구자가 등장한다. 암흑 물질은 중성미자와 함께 세계 입자 물리학-천체 입자 물리학계의 큰 화두다. 각국의 물리학자는 바다 속으로 들어가고, 금광 지하 터널로 내려가고, 남극 얼음을 깨고 들어갔다. 자연이 보여 줄 은밀한 신호를 보기 위해서다. 자연의 비밀을 알아내려는 이들은 구도자처럼 보이기도 한다. 암흑 물질을 찾는 이현수 박사(IBS 지하 실험 연구단)는 수십 년쯤의 기다림은 대수롭지 않다는 식으로 내게 말했다.

시리즈 두 번째 책인『물리 열전 하』에는 광학자들과 물질 물리학자들이 나온다. 광학자가 이야기하는 빛의 물리학은 마술과 같다. 양자 기술을 이용한 양자 컴퓨터와 양자 센싱, 나노 광학자가 다루는 빛은 상상을 초월한다. 이 세계에서 일어나는 일이 아닌 듯하다. 취재를 시작했을 때는 물질 물리학자를 만날 계획이 없었다. 그런데 물질 물리학자가 한국의 물리학자 중에서 가장 큰 그룹이라는 걸 뒤늦게 알았고, 생각을 바꿨다. 응집 물질 물리학자, 반도체 물리학자, 플라스마 물리학자와 생물 물리학자 일부를 만났다. 그들의 이야기 역시 흥미로웠다. 앞으로 기회가 되면 물질 물리학자를 더 만나 보고 싶다. 개정판을 낼 수 있다면 이들 이야기를 더 담을 수 있을 것이다.

세 번째 책인『천문 열전』에는 한국 천문학계를 이끄는 관측 천문학자들과 이론 천문학자들이 나온다. 암흑 에너지는 우주의 운명과 관련해 우리의 관심을 끄는 미지의 에너지로, 우주를 가속 팽창시키는 원인으로 지목됐다. 2011년 노벨 물리학상은 우주 가속 팽창의 증거를 제시한 연구자 3명에게 돌아갔다. 이 사건은 암흑 에너지가 정설로 굳어지는 데 결정적으로 기여했다. 하지만 한국의 천문학자인 이영욱 연세 대학교 교수는 암흑 에너지의 존재에 회의적이다. 그는 "노벨상을 받은 연구자들이 틀렸다."라고 주장하고 있다. 자연 과학계와 관심 있는 일반인의 주목은 끈 이영욱 교수 연구 관련 파문은 모두 이 책에 실린 나의 글에서 시작되었다. 천문학 분야의 주요 연

　　　　　　　　　　　　이제 사람으로 과학을 배운다

구 토픽은 은하의 진화, 블랙홀 연구다. 대학과 한국 천문 연구원의 천문학자가 어떤 이슈를 붙들고 우주의 비밀을 캐기 위해 연구에 매진하고 있는지 알 수 있을 것이다. 그리고 중력파 연구의 현 주소도 이 책에서 확인할 수 있다.

물리학자에 이어 나는 화학자를 40명 이상 만났고, 생명 과학자들도 다수 만났다. 이제 수학자를 만나기 시작했다. 화학자 이야기는 『화학 열전』으로, 생명 과학자 이야기는 『생명 과학 열전』으로 묶어 내려고 한다.

과학자를 만날 수 있었던 것은 《주간조선》 덕분이다. 지면을 준 이동한 발행인과 정장렬 편집장에게 고맙게 생각한다. 연재를 보고 책으로 내 보자고 제안해 준 ㈜사이언스북스 노의성 주간에게 감사의 말을 전한다. 담당 편집자 김효원 씨의 노고도 감사하다.

내가 취재할 물리학자를 찾는 과정에서 도움을 준 몇 분이 있다. 서울 시립 대학교 박인규 교수와 경희 대학교 박용섭 교수, 그리고 고려 대학교 이승준 교수에게 감사드린다. 이들은 물리학계 내부의 큰 그림을 보여 주고, 여러 분야의 리더가 누구인지를 가르쳐 줬다.

2022년 여름을 지내며
최준석

차례

**최준석의 과학 열전 1:
물리 열전 상**
물리학은 양파 껍질 까기

**최준석의 과학 열전 2:
물리 열전 하**
그 슈뢰딩거의 고양이는 아직도 살아 있을까?

1부

우주 역사를
거슬러 가는
사람들

351
MODEST-19
Star Clusters:
from the Milky Way
to the Early Universe
Cefalù - Italy

1장 노벨상이 틀렸다, 암흑 에너지는 없다

이영욱
연세 대학교 천문 우주학과 교수

이영욱 연세 대학교 천문 우주학과 교수로부터 암흑 에너지 관련 얘기를 들을 줄은 몰랐다. 이 교수는 한국의 천문학자 중 좋은 논문을 가장 많이 쓴 사람이라는 얘기를 누군가로부터 들었다. 그와 관련한 스토리를 들을 것으로 기대하고 연세 대학교로 찾아갔다. 그를 처음 만난 것은 2019년 6월이었다. 그의 천문학 얘기가 최신 연구로 넘어왔을 때 암흑 에너지 얘기가 나왔다. 이영욱 교수는 "암흑 에너지(dark energy)는 없다. 나는 우주에 암흑 에너지가 없다는 쪽에 베팅을 하겠다. 우리 팀이 가진 증거에 따르면 그렇다."라고 말했다.

이영욱 교수 말은 충격적이다. 암흑 에너지 부정은 현대 우주론에 도전하는 어마어마한 일이다. 내가 읽은 책들은 '암흑 물질(dark matter)'과 함께 '암흑 에너지'가 있다고 기정 사실로 말하고 있었다. 그는 "암흑 에너지가 있다는 1998년 미국 연구진 두 곳의 발표는 추가적인 검증이 필요하다. 관측 자료를 잘못 해석했을 가능성이 크다."라고 주장했다. 이어서 "그들은 암흑 에너지를 발견한 게 아니고, 천문학에서 '표준 촛불(standard candle)'이라 불리는 1a형 초신성(supernova)의 밝기가 달라질 수 있다는 것을 알지 못했다. 더 멀리 있는 표준 촛불, 즉 나이가 젊은 항성에서 발현한 초신성은 표준화된 밝기 자체가 더 어두울 수 있다는 광도 진화 효과를 생각하지 못했다. 때문에 우주가 급팽창(inflation)하고 있다고 잘못 해석했다."라고 설명했다.

이영욱 교수가 관련 논문을 처음 낸 것은 2016년이다. 이 논문은 초신성의 광도 진화 효과를 암시하는 내용이었고, 조심스럽고 완화된 표현이 들어갔다. 하지만 지난 수년간 추가 관측을 통해 관련 데이터를 충분히 확보했다. 광도 진화 효과를 감안해 데이터를 보정한다면 암흑 에너지가 있다는 증거는 대부분 사라진다는 내용으로 논문을 작성했다.

현대 우주론은 우주에 암흑 에너지라는 미지의 에너지가 있다는 전제 위에 구축되어 있다. 암흑 에너지는 우주의 물질과 에너지 총량 중 70퍼센트를 차지한다고 이야기된다. 나머지 30퍼센트는 물질(보통 물질 + 암흑 물질)이다. 암흑 에너지가 존재한다는 주장은 1998년에 나왔다. 그해 1월 8일 미국 천문학회 연례 행사가 열린 미국 워싱턴 D.C.의 힐튼 호텔에서 캘리포니아 대학교 버클리 캠퍼스 그룹을 대표한 솔 펄머터(Saul Perlmutter)와 하버드 대학교 그룹을 이끄는 브라이언 슈미트(Brian Schmidt), 그리고 애덤 리스(Adam Riess)가 공동 기자 회견을 가졌다. 이들은 "우주가 가속(acceleration) 팽창 중인 것을 발견했다."라고 발표했다. 우주가 시간이 갈수록 빨리 커지고 있으며, 이로 인해 우주는 영원히 팽창할 것이라고 주장했다. 이들은 수십억 년 전부터 시작한 것으로 보이는 우주 가속 팽창의 원인은 정확히 알지 못하며, 미지의 에너지가 그 배후에 있는 것 같다고 말했다.

우주 가속 팽창 이론을 내놓은 두 그룹은 미국 동부와 서부의 최고 명문대 소속 교수가 리더였다. 두 그룹이 각각 연구하고 같은 날 똑같은 결과를 내놓자 우주론 연구자들은 충격에 휩싸였다. 당시는 새천년, 즉 뉴 밀레니엄을 맞아 약간 들뜬 시기였고, 그때까지 천문학계 주류는 '우주가 정상(定常) 팽창하고 있다.'라고 생각했다. 정상 팽창이란 완만한 속도로 우주가 팽창하는 것을 말한다. 우주론 연구자는 빅뱅(big bang, 대폭발)과 그 뒤의 급팽창으로 우주가 폭발적으로 커졌으며, 빅뱅의 힘이 시간이 지나면서 많이 약해지기는 했어도, 그 여력 때문에 우주는 여전히 커지고 있다고 생각했다. 만약 빅뱅의 힘이 약해지면 우주는 어느 시점부터는 수축할 수도 있다고 예측했다. 그런데 미국 대학 그룹 두 곳의 새로운 관측 결과는 우주의 운명에 대해 전혀 다른 예측을 내놓은 것이다.

암흑 에너지로 인한 우주 가속 팽창론은 이후 학계의 새로운 표준 모형으로 급속히 자리 잡았다. 연구자 3명 모두 2011년 노벨 물리학상을 받으며 우주 가속 팽창론은 인정받았다. 그런데 과학의 변방이라고 할 한국의 한 천문학자가 이 모두를 부정하며 학계에 도전장을 낸 것이다.

이영욱 교수는 "힘든 싸움이 될 것이다. 기존 패러다임에 도전하는 싸움은 쉽지 않다. 학계의 누구도 이런 도전을 좋아하지 않는다.

현대 우주론의 주류는 빅뱅 이후 급팽창이 있었고 현재 우주는 가속 팽창 중이라 보고 있다. 급팽창의 원인으로 암흑 에너지를 지목한다.

암흑 에너지가 70퍼센트라는 가정하에 연구를 진행하고 있기 때문이다."라고 말했다.

　이영욱 교수는 연세 대학교 천문 우주학과 80학번으로 미국 예일 대학교 박사, 미국 항공 우주국(National Aeronautics and Space Administration, NASA) 허블 펠로 등의 경력을 가지고 있다. 《천체 물리학 저널(*The*

Astrophysical Journal》, 《네이처(*Nature*)》, 《사이언스(*Science*)》에 수도 없이 많은 논문을 써 왔다. 그렇기에 그의 주장은 결코 가볍지 않다. 이 교수는 "내가 예일 대학교에 있으면서 기존 패러다임을 뒤집는 주장을 했다면 세계가 주목했을 것이다. 하지만 지금은 한국에 있는 학자이고 내 이름 다음에 '서울, 한국'이라는 글자가 붙어 있기 때문에 파급력이 떨어진다. 하지만 나는 싸움을 마다하지 않을 것이다."라고 말했다.

우주가 시간이 지날수록 빨리 팽창하고, 그 배경에 미지의 암흑 에너지가 있다는 미국 연구자들의 주장은 이른바 표준 촛불 연구에서 나왔다. 캘리포니아 대학교 버클리 캠퍼스 그룹과 하버드 대학교 그룹 역시 표준 촛불인 초신성을 연구했다.

표준 촛불은 어떻게 천체 거리를 알아내는 도구가 되었을까? 시골 동네 가게에서 초롱불을 판다고 가정해 보자. 초롱불은 딱 한 종류다. 밝기가 모두 같다. 사람들은 이 초롱불을 사 가서 저녁에 불을 밝힌다. 가게에서 보면 초롱불이 어둡게 보이는 집이 있고, 환한 집이 있다. 가게 주인은 초롱불 밝기가 왜 달리 보인다고 생각하겠는가. 그것은 초롱불을 밝힌 집들의 거리가 자신의 가게에서 멀거나 가깝기 때문이다. 초신성이 바로 초롱불이다.

초신성은 새로운 별, 즉 신성 중에서도 아주 환하다. 그래서 초(超)신성이라고 불린다. 밤하늘에 갑자기 나타났다가 오래지 않아 사라진다. 백색 왜성(white dwarf)이라는 별이 포함된 쌍성계나, 질량이 태양보다 큰 별은 노년기에 접어들면 요란한 폭발을 일으키며 밝게 빛난다. 초신성 중에서 특히 1a형 초신성의 경우, 초신성이 만들어지는 물리적 특성 때문에 표준화 과정을 거치면 밝기가 거의 같아진다고 천문학자들은 생각한다.

이영욱 교수는 "표준 촛불의 밝기가 항상 같다고 생각한 전제가 잘못됐다. 가게에서 파는 초롱불이 언제나 밝기가 같다고 잘못 생각한 것이다. 초롱불 밝기가 다를 수 있다. 미국의 두 그룹이 본 초롱불은 원래 밝기가 조금 어두울 수 있다. 더 멀리 있어서 어둡게 보이는게 아니었다."라고 말했다. 이영욱 교수와 그가 지도하는 학생 2명이 지난 8년간 연구한 결과다.

"과거 우주에서는 항성 종족이 젊다. 항성들의 고유 밝기가 달라야 한다. 표준 촛불이 0.2등급 어둡게 보인다. 하버드와 버클리 그룹은 항성 종족의 나이 차이를 무시했다. 그들이 쓴 논문을 자세히 살펴보니 '광도 진화 효과는 무시할 만하다.'라고 써 놓았다. 이것이 잘못이다. 광도 진화 효과를 무시하면 안 된다. 광도 진화 효과란 표준 촛불이 과거에는 어둡고, 지금은 밝을 수 있다는 것이다. 그들은 이쪽 전문가가 아니다. 또 그들은 초신성이 폭발한 은하를 겨우 20여 개 조사했으며, 그 방법도 간접적이었다. 우리 팀은 은하 70개를 대상으로 보다 직접적으로 조사했다. 미국 애리조나와 칠레 천문대를 20번 이상 관측하러 갔다."

이영욱 교수는 먼 은하에 있는 표준 촛불이 생각보다 더 먼 거리에 있다고 잘못 해석했다고 지적했다. "이 모든 게 잘못이다. 광도 진화 효과가 검증되지 않은 채 노벨상이 나간 것이다. 그들이 발견한 건 암흑 에너지가 아니라 광도 진화 효과일 가능성이 크다."

이영욱 교수와 강이정 박사, 김영로 박사 세 사람은 그동안의 연구 결과 "암흑 에너지는 없을 가능성이 더 크다."라는 결론에 도달했다. 관측은 2018년에 종료됐으며, 2019년 논문을 마무리했다. "우리 연구 결과는 97퍼센트 신뢰 수준에서 광도 진화 효과가 크기 때문에 이를 보정하고 나면 암흑 에너지는 없다고 주장한다. 암흑 에너지가 있다고 해석할 만한 효과가 거의 사라진다."

미국 및 세계 천문학계와 물리학계는 왜 '우주는 시간이 지날수록 빨리 팽창하고 있으며, 그 뒤에는 암흑 에너지가 있다.'라는 두 연구팀의 주장을 쉽게 받아들였을까? 이영욱 교수는 "미국 서부와 동부를 대표하는 두 대학 소속 연구자가 같은 견해를 내놓았기 때문이다. 또 미국은 천문학계 목소리가 전통적으로 크다."라고 해석했다. 게다가 노벨 위원회가 발표로부터 10여 년밖에 지나지 않은 시점에서 암흑 에너지의 존재를 인정하며 노벨 물리학상을 수여했기 때문에 더 쉽게 받아들인 것 같다고 이 교수는 말했다.

'암흑 에너지는 없다, 우주는 가속 팽창하지 않는다.'라는 주장을 천문학계 전체가 외면하고 있을까? 반드시 그런 것은 아니다. 이영욱 교수 지도를 받아 박사 학위를 받은 두 사람이 얼마 전 일자리를 찾았다. 강이정 박사는 칠레에 있는 제미니 천문대(Gemini Observatory)로 연구하러 갈 예정이고, 김영로 박사는 프랑스 리옹에 일하러 갔다. 이영욱 교수는 "프랑스 리옹 연구자가 누군지 나도 모른다. 그들이 암흑 에너지는 없을 수 있다는 우리 주장을 지켜보고 있었기에, 김영로 박사를 데려간 것이다."라고 말했다.

이영욱 교수는 싸움꾼이다. 암흑 에너지 말고 다른 싸움터가 또 있다. 그에게 인터뷰 요청 이메일을 보냈을 때 그는 답장에서 "이탈리아에서 열렸던 학회에서 치열한 논쟁을 하고 돌아왔다."라고 말했다. 그를 만나자마자 나는 이탈리아에서 벌어졌던 논쟁이 무엇이었는지 물었다. 이 교수는 이탈리아 볼로냐 대학교에서 '구상 성단(球狀星團)과 은하 형성 학회'가 열렸는데 그곳에서 우리 은하 중심부에 X자형의 거대 구조가 있는지 없는지와 관련해 격론을 벌였다고 했다.

그가 볼로냐 학회에서 발표한 슬라이드 자료를 보니 제목이 "벌지 전투(Battle of the Bulge)"였다. 벌지 전투는 제2차 세계 대전 당시 1944년 12월부터 1945년 1월까지 벨기에와 프랑스 북동부에서 벌어졌고, 독일의 마지막 주요 공세로 알려져 있다. 이영욱 교수의 벌지 전투는 우리 은하 중심부의 도톰한 구 모양의 팽대부를 둘러싸고 벌어진 것이다. 팽대부는 우리 은하 중심부의 도톰한 구조를 말하는데 영어로 '벌지(bulge)'라고 부른다.

이영욱 교수는 볼로냐에서의 전투에서 우리 은하 중심부의 모양에 대한 기존 패러다임을 뒤집으려 했다고 이야기했다. 벌지 전투는 현재 격하게 진행 중이며, 그의 세 번째 패러다임 뒤집기 시도라고 했다. 그의 첫 번째와 두 번째 싸움이 무엇인지 궁금했으나 물어볼 새가 없었다. 그의 세 번째 싸움인 '벌지 전투'와, 이제 시작한다는 네 번째 싸움 내용을 파악하기도 바빴기 때문이다.

학계 주류는 우리 은하 중심부에 X자 모양의 거대한 구조가 있다고 본다. 만약 외계인이 우리 은하를 옆에서 본다면 X자처럼 보일 것이라는 이론인데 2010년쯤 나왔다. X자 거대 구조의 크기는 우리 은하 중심부의 절반까지 확장되어 있다고 본다. 이 교수가 컴퓨터 모니터에 띄워 준 이미지를 보니 거대한 X자 모양에 별들이 가득 찬 구조가 우리 은하 중심부 위에서 반짝이고 있었다. 현재 학회에는 이와 관련한 논문 150편이 나와 있다. 우리 은하 중심부에 대한 최신 관측 결과를 해석하는 과정에서 이 이론이 나왔다고 한다. 미국 카네기 연구소(Carnegie Institution for Science, CIS)의 앤드루 맥윌리엄(Andrew McWilliam), 컬럼비아 대학교의 멜리사 네스(Melissa Ness), 오스트레일리아 국립 대학교의 케네스 프리먼(Kenneth Freeman), 독일 막스 플랑크 연구소(Max Planck Institute)의 오르트빈 게르하르트(Ortwin Gerhard)가 주요 연구자다.

천문학에서는 형성 기원 연구가 최고다. 이를 밝히면 가장 큰 명예를 얻게 된다. 더구나 다른 은하도 아니고, 우리 은하의 구조와 형성 기원에 관한 문제 아닌가. 그는 "우리 은하와 관련해서 학자들이 잘 알 것 같지만 그렇지 않다. 나는 학계의 표준 이론이 틀렸다는 걸 4년 전에 알아냈다. 분석해 보니 치명적인 실수가 있었다."라고 말했다.

몇 년 전 이영욱 교수는 X자 거대 구조는 없다는 내용의 논문을 미국 《천체 물리학 저널》에 제출했다. 학술지 측은 처음에는 보완을 몇 차례 요구해 왔고, 그에 대한 답변을 작성하느라 이 교수는 새벽 2시까지 작업하는 날이 많았다. 마지막 순간에 학술지 측이 갑자기 입장을 바꿔 게재 불가를 통보했다. "지금까지 200편 넘게 논문을 냈는데, 게재를 거절당한 것은 처음이었다. 거절당하는 논문은 대부분

수준 미달이다. 그런데 나는 그때 진짜 훌륭한 논문도 거절당할 수 있다는 걸 알았다. 거절당했기 때문에 나는 명예롭다. 그것은 우리 팀이 패러다임을 바꾸고 있기 때문이다. 무릇 패러다임 변화에 국제 학회는 격렬히 저항하는 법이다. 갈릴레오 갈릴레이(Galileo Galilei)가 천동설을 믿는 학계의 패러다임을 바꾸려고 했을 때 어떤 일을 겪었는지 생각해 보자. 갈릴레오는 견해를 바꿀 것인가 아니면 죽을 것인가와 같은 양자택일을 요구받았다. 패러다임을 바꾸는 발견을 하면 상을 받는 게 아니라, 그런 일을 당한다. 요즘은 그렇게까지 하지 않으나 기존 학설을 바꾸기는 여전히 어렵다. 정말 어렵다. 한 세대가 퇴장하기 전에는 불가능에 가깝다."

당시 미국 학술지가 거절한 논문을 《영국 왕립 학회지(The Royal Society)》에 보냈고 결국 2015년에 게재했다. 이때 논문은 순수한 이론 논문이었다. 이후 증거를 찾기 위해 관측을 꾸준히 했고 2018년 8월과 2019년 6월에 이론을 뒷받침하는 관측 논문 2편을 냈다. 이때는 《천체 물리학 저널》이 논문을 게재한 것은 물론 주요 논문으로 선정해서 내용을 심층 소개하는 기사를 곁들였다.

우리 은하 중심부를 관측하면 두 그룹의 별이 보인다. 천문학 용어로 'HR도'라는 그래프가 있다. 별의 표면 온도와 광도(밝기)라는 변수 2개를 놓고 별을 분류한다. HR도 위에 우리 은하 중심부의 별들을 놓으면 밝기가 0.5등급 이내인 밝은 별 그룹과 그렇지 않은 별 그룹이 있다. 밝게 보이는 별은 가까이 있고 어둡게 보이는 별은 멀리 있기 때문이라고 주류 학계는 해석한다. 지구 방향에서 먼저 보이는 그룹은 밝게 보이고, 뒤에 있는 그룹은 어둡다. 이것을 전체적으로 보면 X 자 거대 구조가 나타난다. 그러나 이영욱 교수 생각은 다르다. 두 그룹의 밝기가 같다고 학계가 잘못 보고 있다고 생각한다. 두 집단에 속한 별들의 밝기는 원래부터 다른 것이지, 멀리 있고 가까이 있어 밝기가 다르게 보이는 게 아니라는 주장이다. 그러니 X 자 구조는 없다고 말한다.

그의 말은 놀라웠다. 이영욱 교수는 "우리 은하의 구조와 형성 기원을 둘러싼 싸움을 앞으로도 치열할 것이다. 주장을 뒷받침하기 위해 추가 관측을 계속할 것이다. 암흑 에너지 싸움은 내가 살아 있는 동안에 결론이 나지 않을 것 같다. 그건 다음 세대까지 이어질 싸움이다."라고 말했다. 한국의 한 천문학자가 제한된 자원을 가지고 골리앗에 대항해 싸우고 있었다. 승자는 누구일까? 시간이 지나면 알 수 있을 것이다. 싸움의 결과가 몹시 궁금하다.

취재 후 들려온 소식. 이영욱 교수는 암흑 에너지 관련 연구를 2020년 1월 《천체 물리학 저널》에 발표했다. 이 저널은 미국만이 아니라 전 세계 천문학계의 최상급 학술지다. 이 논문은 상당한 관심을 모았다. 이 교수 논문에 2011년 노벨 물리학상 수상자인 애덤 리스는 예민하게 반응했다. 이영욱 교수의 논문이 자신의 노벨상 수상 성과를 정면으로 공격했기 때문이다. 두 사람은 이메일 공방을 몇 차례 벌였다. 두 사람의 당시 이메일 배틀은 천문학계의 주요 인사가 지켜봤다. 두 사람 사이에 오가는 이메일에 '참조' 란이 있었고, 거기에는 학계의 대가 몇 사람 이름이 보였다. 그리고 애덤 리스는 공식적으로 반박 논문을 냈다. 이영욱 교수는 "애덤 리스의 논문에 새로울 게 없다."라는 입장이다. 두 사람의 공방은 일단 소강 상태에 들어갔다. 이 교수는 시간을 갖고 추가 연구를 통해 암흑 에너지 관련 쟁점을 끈질기게 물고 늘어질 것으로 보인다. 누구의 주장이 옳은지 알 수 없으나, 한국 천문학자의 분투에 응원을 보낸다.

2장 은하들은 왜 이런 모습일까?

이석영

연세 대학교 천문 우주학과 교수

이석영 연세 대학교 천문 우주학과 교수를 만나고 싶었다. 그의 책 『모든 사람을 위한 빅뱅 우주론 강의』(2009년)를 탐독했다. 그는 책 서문에서 현대 천문학이 우주를 얼마나 알아 가고 있는지를 흥미롭게 전달한다. "대부분의 현대인은 오늘날이 과학사와 지성사에서 얼마나 중요한 시대인지 모른다. …… 바로 이 순간 인류 최대의 질문인 우주의 기원과 운명이 밝혀지고 있기 때문이다." 나는 아무것도 모르고 하루를 살고 있구나 싶었다. "인간은 초신성의 후예다."라는 표현도 이 책에서 처음 보았다. 연세 대학교 연구실로 찾아가니, 그간 만나 본 과학자 중 연구실이 가장 깨끗했다.

이석영 교수는 은하 형성 이론을 연구하는 이론 천문학자다. 그는 직접 관측을 해 본 적은 없다. 이석영 교수는 "우리가 오늘날 보고 있는 은하들이 왜 저런 모습일까 하는 게 현재 나의 큰 질문이다."라고 말했다. 원반(disc) 은하를 옆에서 보면 납작하다. 또 소용돌이치는 나선 팔을 가지고 있다. 별 1000억 개 이상을 가진 은하가 왜 저런 모양을 하고 있을까 하는 게 나는 궁금하다."라고 말했다.

원반 은하 연구는 앞선 세대 연구자가 많이 했다. 그런데 3~4년 전부터 은하가 우주론적 배경에서 어떤 과정을 거쳐 탄생했는지, 어떻게 지금의 모습을 갖게 되었는지를 컴퓨터 시뮬레이션을 통해 재현해 볼 수 있게 되었다.

이석영 교수는 대중에게 친숙하다. 『모든 사람을 위한 빅뱅 우주론 강의』, 『초신성의 후예』(2014년)라는 교양 과학서를 냈고, 대중 강연도 하고 있다. 연세 대학교 출신으로 미국 예일 대학교에서 박사 학위를 받았고 미국 NASA 고더드 우주 비행 센터(Goddard Space Flight Center)에서 일했다. 캘리포니아 공과 대학교, 즉 칼텍(Caltech)의 선임 연구원과 영국 옥스퍼드 대학교 교수로 근무했다.

우주론적 배경에서 은하가 탄생했다는 말은 무슨 뜻일까? 이석영 교수는 이렇게 설명했다. "우주가 태어난 지 38만 년 됐을 때 물질 분포가 어땠는지 관측한 게 있다. 이때의 물질 분포를 밀도 요동이라고 한다. 컴퓨터 시뮬레이션을 할 때 이 자료를 집어넣는다. 그리고 물질이 돌아다닐 때는 중력을 따르고 기체는 유체 역학 법칙을 따른다. 이런 기본적인 물리 법칙만을 가정하고 우주가 현재 우리가 보는 은하를 어떻게 만들어 냈을까 재현해 보는 거다."

가령 이런 식이다. 우주의 한 공간, 즉 한 변의 길이가 1억 4000만 광년 되는 공간을 생각한다. 은하가 10만 개 들어 있는 큰 규모다. 빅뱅 이후 38만 년 시점에서의 물질 분포 데이터만 집어넣고 시뮬레이션을 돌린다. 추가로 집어넣는 것은 없다. 우주 초기에 물질 분포는 완벽하게 균일하지 않았다. 138억 년 시뮬레이션을 돌리면 처음에는 균일하게 보였던 우주가 점점 불균일해진다. 시간이 지날수록 차이가 커지고 오늘날 시점이 되면 시뮬레이션에서 하얗게 보이는 지역에서만 은하들이 발견된다.

시뮬레이션 결과 천문학자들이 관측한 현재의 은하 분포와 흡사하게 나왔다. 뉴턴의 중력 법칙만 집어넣었을 뿐인데, 시뮬레이션 결과가 오늘날 은하 분포를 잘 재현한다. 이는 역으로, 우주 초기의 원시 밀도 요동 분포를 우리가 정밀하게 알고 있다는 얘기가 된다. 우주론을 통해 우주의 거대한 구조물이 어떻게 생기는지까지 이해하게 됐다. 21세기가 시작했을 때 알아낸 것이다.

지난 10년 동안 이 연구 분야에서는 획기적인 발전이 있었다. 은하 분포뿐만 아니라 개별 은하의 탄생이나 은하가 어떻게 진화해서 오늘날 모습이 되었는가에 관심을 가졌고, 이 경과를 컴퓨터 시뮬레이션으로 재현하고자 했다. 이석영 교수는 은하가 실제로 한 지역에서 어떻게 탄생하는지, 그래서 정말로 납작한 모양을 갖게 되는지, 나선팔이 생기는 경위도 파악할 수 있을지 컴퓨터 시뮬레이션했다.

2014년쯤 국제적으로 3개 팀이 이런 연구를 통해 많은 연구 결과를 보여 줬다. 하지만 공간 해상도가 좋지 않아 납작한 은하 원반을 구현하지 못했다. 은하가 어디서 어떻게 만들어졌는지는 이해했으나, 정밀하게 구현하지는 못했다. 사진은 픽셀 크기가 작아야 정밀한 이미지를 얻을 수 있다. 컴퓨터 계산을 할 때도 공간을 촘촘히 나눠 중력 계산을 해낼 수 있느냐가 중요하다. 해상도가 좋으면 다양한 우주 구조물을 들여다볼 수 있다. 이석영 교수 팀은 컴퓨터 4,800개를 병렬로 돌렸다. 1년 6개월 동안 쉼 없이 계산했다. 그가 속한 뉴 호라이즌(New Horizon) 그룹이 얻은 해상도는 이전보다 우주의 한 변 기준으로 25배 좋아졌다. 한 방향으로 25배가 개선됐다면 3차원으로 보면 공간 해상도가 1만 배 이상 좋아진 것이다. 이석영 교수는 "고해상도로 보는 것은 우리가 처음이다."라고 말했다.

이 연구가 언제 결실을 맺었냐고 묻자 뜻밖에 "지금 일이다. 그 첫 논문이 학술지에 실린다는 연락을 오늘 아침 받았다."라고 말했다. 깜짝 놀라 축하 인사를 건네자 이 교수는 《천체 물리학 저널》으로부터 '이 교수님에게'라는 제목으로 시작되는 이메일을 받았다. 나로서는 특별한 날, 상쾌한 날이다. 《천체 물리학 저널》, 즉 APJ는 천문학에서 최상위 학술지다."라고 말했다. 이날은 2019년 8월 29일이었다.

이석영 교수는 연구실 앞을 지나던 20대 연구원을 불렀다. "논문 제1저자인 박민정 연구원이다. 앞으로 세계적인 학자가 될 친구다. 이름을 기억해 두셔야 한다."라며 소개했다. 박민정 연구원은 연세 대학교에서 학부와 석사 과정을 마치고 하버드 대학교로 박사 공부를 떠난다. 이석영 교수는 "박사 논문보다 임팩트가 큰 논문을 이번에 썼다. 10년 후 주목받을 것이다."라고 말했다.

논문 제목은 「뉴 호라이즌: z＝0.7에서 은하 원반과 구형체의 기원에 관하여(New Horizon: On the origin of the stellar disk and spheroid of field galaxies at z=0.7)」이다. 논문 제목 중 구형체(spheroid)는 은하 중심부의 공 모양처

럼 볼록한 지역, 팽대부를 가리킨다. 우리 은하는 멀리 떨어져 보면 납작한 원반 모양으로, 원반 중심인 팽대부에서 주변으로 아주 멀리까지 퍼져 있다. 이 교수는 이번 연구를 위해 돌린 컴퓨터 시뮬레이션 결과를 컴퓨터 화면에 띄워 보여 줬다.

"우주 초기 모습이다. 물질이 혼돈스러울 때는 은하 모습이 없다. 시간을 두고 보면 주변 물질과 충돌하면서 덩어리가 커진다. 충돌하는 모습만 보인다. 그러다가 어느 시점이 되면 패턴이 보이고, 갑자기 원반이 나타난다. 나선 팔 소용돌이도 보인다." 논문 제목 중 'z=0.7'은 우주 나이 138억 년 중 딱 절반까지 계산했다는 뜻이라고 했다. 'z=0'이 우주 나이가 138억 년인 오늘날을 가리킨다.

"1년 6개월 동안 프랑스와 한국의 슈퍼컴퓨터를 총 3000만 시간 돌렸지만 우주의 나이 절반까지밖에 확인하지 못했다. z=0까지 시뮬레이션을 돌려 봐야 하는데, 슈퍼컴퓨터 사용 시간을 확보하는 게 쉽지 않다. 사용 시간을 신청했다가 떨어지기를 한국과 프랑스에서 반복했다."

그는 이어 논문 내용을 소개했다. "최초로 은하 기원을 수치적으로 계산했다. 수치를 준 거다. 은하 원반의 몇 퍼센트는 뭐가 만들었고, 몇 퍼센트는 뭐가 만들었는지. 이를테면 은하의 DNA를 알아냈다. 인간 이석영은 몇 퍼센트가 전주 이 씨에서 나왔고, 몇 퍼센트는 양천 허 씨에서 나왔고 하는 걸 다 알아낸 거라고 보면 된다. 은하 모습의 중앙부와 바깥쪽이 언제 몇 날 몇 시에 어떤 형상을 통해 들어오는지, 그 기원을 숫자로 이야기한다. 이런 연구는 없었다. 이번이

처음이다."

슈퍼컴퓨터를 이용한 계산은 2017년부터 2018년 중반까지 했다. 논문은 2018년 9월부터 쓰기 시작했고 게재까지 1년이 걸렸다. 프랑스, 영국 과학자들과 공동 연구했다. 앞에서 말한 박민정 연구원이 논문의 제1저자다. 논문을 쓰는 데 시간이 오래 걸린 이유에 대해 이석영 교수는 "세세한 내용 관련해 공저자 간에 이견이 많았다. 1년간 서로 많이 싸웠다. 이견 내용은 줄이고 조정하는 데 시간이 걸렸다."라고 말했다.

저자들끼리의 이견이 궁금했다. 이석영 교수가 컴퓨터 시뮬레이션을 다시 보여 주면서 설명을 했다. "은하가 모습을 갖추려 해도 초기에는 주변에서 작은 은하가 와서 부딪히니 안정화가 안 된다. 나는 은하의 충돌 역사가 오늘날 모습에서 가장 중요하다고 생각한다. 가령 이 특별한 은하는 1,000여 개의 작은 은하가 충돌해 만들어졌다. 작은 은하는 충돌을 많이 겪지 않으나 큰 은하는 충돌을 많이 겪었다. 외부 간섭이 언제 멈추었느냐가 중요하다. 내 해석은 우주 초기에는 간섭이 너무 많았다는 것이다. 우주 초기에는 도공이 우주 원반을 빚을 수 없는 상황이었다. 빅뱅 후 30억 년쯤부터 은하 간 충돌 병합이 덜 빈번해졌다. 큰 은하일수록 일찍부터 충돌 병합이 줄어들고 안정을 찾아 원반을 만들었고, 작은 은하일수록 늦게 원반을 만든다는 것이다."

공저자 한 사람은 은하 원반의 형성 시기가 별 탄생 역사와 관련이 있다고 봤다. 그의 주장은 이렇다. "초기 우주에 별 탄생이 아주 많았

머리털자리에 있는 나선 은하 NGC4565. 우리 은하의 옆 모습이 이와 비슷하다. 어떤 은하는 이런 모습을 하고 다른 은하는 다른 모습을 하는 이유가 무엇일까가 이석영 교수의 질문이다. NASA 제공 사진.

을 때는 그 안에 초신성 폭발이 있고, 여기에서 큰 에너지가 나온다. 그 에너지가 은하 원반을 흔들 수 있다. 원반 만들기가 힘들어진다." 또 다른 공저자는 은하 중심의 블랙홀이 크게 자라는 역사와 은하의 원반 형성이 관련 있다고 봤다.

은하 형성 이론 연구는 점점 고해상도로 시뮬레이션하는 게 세계적인 추세다. 이석영 교수는 "뉴 호라이즌 그룹은 최고의 해상도를 가지고 있으며 앞으로 3~4년은 우위를 유지할 것이다."라고 전망했다. "최고 해상도라고 해서 좋은 것만은 아니다. 우리는 최고 해상도를 얻기 위해 작은 우주 공간을 잡아야 했다. 우리의 경쟁 그룹으로 TNG 시뮬레이션 팀이 있다. TNG는 우리보다 해상도는 10배 낮으나, 볼 수 있는 은하 수는 100배 많다. TNG가 훨씬 좋은 자료를 많이 갖고 있으며 자료가 많으니 통계 연구에 강하다. 은하 형성 연구 분야의 선두 주자다. 연구 인원도 우리보다 10배 많고 대중 홍보 노력도 한다." TNG는 두 사람이 이끌고 있는데 그중 독일 막스 플랑크 천체물리 연구소 폴커 슈프링겔(Volker Springel) 소장이 리더다. 뉴 호라이즌 그룹은 2017년에 결성됐고, 이석영 교수는 결성 때부터 그룹에 참여했다.

이석영 교수에게 궁금한 게 또 무엇이 있는지 물었다. 그는 "은하들의 기원을 알고 싶다. 왜 이렇게 다른 모습일까? 사람으로 치면 왜 남자가 있고 여자가 있는지 하는 물음이다."라고 말했다. 미국 천문학자 에드윈 허블(Edwin Hubble)은 우리 은하 말고 다른 은하가 존재한다는 사실을 발견했고 자신이 알고 있던 은하 수십 개를 모양에 따라 형태학적으로 분류했다. 크게는 달걀과 같은 타원 은하와 원반과 같은 나선 은하 두 가지로 나눴다. 이어 나선 은하는 중심에 막대가 있는 것 같은 막대 은하, 막대가 없는 은하로 다시 구분했다. 우주에는 원반 은하가 70퍼센트, 타원 은하가 30퍼센트 정도 된다. 이외에 형태를 정의하기 힘든 불규칙 은하가 더 있다. 이석영 교수는 은하들의 기원을 알고 싶고, 왜 그렇게 모습이 다른지 궁금하다고 했다.

그는 연구실 벽면에 걸려 있는 대형 우주 이미지를 가리켰다. '아벨2670'이라는 아주 큰 은하단(cluster of galaxies)이다. 은하단은 은하들이 모여 있는 우주의 거대 구조다. "우주에는 동글동글한 원반 은하가 가득 차 있다. 그런데 아벨2670 은하단에는 원반 은하가 아니라, 타원 은하가 가득 차 있다. 나선 팔이 있거나 원반처럼 생긴 은하는 보이지 않는다. 타원 은하의 중심부에 들어 있는 블랙홀은 나선 은하의 것에 비해 훨씬 크다. 10~100배 크기다. 우리 은하 중심의 블랙홀은 300만 태양 질량 크기인데, 타원 은하 중심의 블랙홀은 태양 질량의 10억 배로, 1,000배 이상 무겁다. 그 이유를 이해하지 못하고 있다. 물론 추측하는 건 있다. 추측이 꽤 신빙성 있다. 그러나 컴퓨터 시뮬레이션으로 재현하지 못하고 있다. 이론으로 만들기에는 복잡해 현재로서는 불가능하다. 현재 100개 은하 정도를 시뮬레이션으로 돌리고 있는데, 10만 개 은하를 고해상도로 만들어 내는 것은 앞으로 20년 이후에나 가능할 것이다."

은하가 먼저 생겼을까, 은하단과 같은 우주의 거대 구조가 먼저 만들어졌을까? 이 연구는 1990년대 활발했다. 박창범 고등 과학원 교수가 컴퓨터 시뮬레이션으로 은하가 먼저 만들어졌다는 것을 알아낸 연구자 중 1명이다. 이는 허블 우주 망원경(Hubble Space Telescope)으로 관측하면서 확인할 수 있었다. 먼 우주를 볼수록 은하단과 같은 우주 거대 구조는 희미해지고 은하는 잘 보였던 것이다. 결국 은하가 먼저 만들어졌다는 뜻이다.

이석영 교수에게 연구자로 걸어오면서 얻은 주요 연구 성과를 소개해 달라고 했다. 이석영 교수는 네 가지를 말했다. "1996년부터 1998년까지 했던 연구가 있다. 타원 은하는 별을 그다지 만들지 않는다. 별을 만들지 않는데도, 새로운 별이 많이 내놓는 것처럼 자외선을 내는 타원 은하가 있다. 왜 이 타원 은하들은 자외선을 낼까? 하는 질문에 답한 게 박사 학위 논문이다. '은하의 분광 진화 연구'다. 사람들이 이 연구로 나를 많이 기억한다."

2001년에는 항성 진화 논문을 썼다. 평생 가장 많이 인용된 논문이다. 피인용 횟수가 보통 논문의 10배 이상이었다. 논문 제목은 「향상된 항성 종족 연령 측정에 대하여: 태양 원소 함량의 Y2 등연령 곡선(Toward better age estimates for stellar populations: the Y2 isochrones for solar mixture)」으로, 은하 내 별들이 각각 어떻게 태어나 진화하는지를 서로 다른 별들에 대해 낱낱이 계산했다. 이를 통해 수없이 많은 별들을 시간에 따라 스냅 사진을 찍을 수 있다면 어떻게 되나 예측했다. 즉 별이 태어났을 때, 1억 년 후, 10억 년 후, 20억 년 후에 별들의 성질이 어떻게 변화하는지 설명한 것이다.

세 번째 논문은 2005년에 올린 성과다. 그를 아주 유명하게 만든 논문이다. 타원 은하에서는 별이 탄생하지 않는다고 했는데, 일부 타원 은하에서는 별이 탄생한다는 것을 밝혔다. 그 논문 덕에 미국 천문 학회 행사에서 기조 강연도 했다. 지금까지 논문 200편 이상을 썼는데, 당시 논문이 가장 짧았다. 불과 4쪽 분량이다. 그리고 그의 학자 경력에서 네 번째로 중요한 논문이, 나와 인터뷰를 한 날 게재 승인을 받은 그 논문이다.

"4개가 완전히 다른 논문들이다. 각각의 주제를 보면 은하 진화, 별 진화, 타원 은하의 별 생성, 은하 형성이다. 비슷하게 보일 수 있으나, 의학으로 치면 신경 외과를 하다가 일반 외과로 넘어온 셈이다. 천문학계는 이 논문 저자 이석영이 같은 이석영인지 헷갈려 한다."라고 말했다.

인터뷰가 끝나기 한참 전부터 기다리는 학생들이 문밖에 있었다. 빨리 취재를 마무리해야 했다. 주섬주섬 물건을 챙겨 들고 이석영 교수 연구실을 빠져나왔다. 학번을 물어보는 나의 마지막 질문에 이 교수는 연세대 "84학번."이라고 답했다.

3장 중성 상태의 우주를 재이온화시킨 것은?

임명신
서울 대학교 물리 천문학부 교수

임명신 서울 대학교 물리 천문학부 교수를 만나러 갔다. 건물 위치는 서울 대학교 관악 캠퍼스 45동이다. 건물은 캠퍼스 남쪽 끝에 자리 잡고 있었다. 천문대는 주변의 빛이 적은 곳에 있어야 하니 외진데 있나 보다 했다. 작은 2층 건물 현관에 들어서니 "초기 우주 천체 연구단"이라고 쓴 안내판 글씨가 크게 보였다. 임명신 교수가 이끄는 연구팀 이름이다.

임명신 교수는 퀘이사(quasar) 얘기를 하겠다고 했다. 그는 2003년 9월 서울 대학교에 온 지 1년쯤 지났을 때부터 퀘이사라는 천체를 연구하기 시작했다. 미국에서 유학할 때는 은하 진화를 연구했다. 우주의 거대 구조를 이루는 은하들이 태초 이후 어떤 과정을 거쳐 현재 모양이 되었나를 알아내고자 했다. 하지만 한국에 온 뒤에 은하 진화 연구가 벽에 부딪혔다. 은하 진화를 연구하려면 초기 우주에 있었던 은하를 관측해야 한다. 미국에서처럼 지름 8미터급 망원경이 없으니

3장 중성 상태의 우주를 재이온화시킨 것은?

연구를 할 수 없었다. 한국이 가진 가장 큰 광학 망원경의 지름은 1.8 미터가 고작이다. 할 수 있는 연구 토픽을 찾아야 했고, 그때 찾은 게 퀘이사다.

퀘이사는 작은 망원경으로도 볼 수 있는 밝은 천체다. 항성(별)은 아닌데, 항성과 같이 빛난다고 해서 준항성(quasi-stellar object)이라고 불린다. 영어 quasi는 외견상, 유사, 준(準)이란 뜻이다. quasi-stellar는 별로 보인다는 의미다. 그는 "우리 은하에는 태양과 같은 별이 1000억 개 있다. 그런데 별이 1000억 개 모인 우리 은하보다 퀘이사는 100배 이상 더 밝다."라고 했다. 퀘이사는 알고 보니 거대한 블랙홀이 만들어 내는 빛이었다. 블랙홀은 주변의 기체와 별을 흡수하는데 블랙홀로 빨려 들어가는 물질 사이의 마찰로 인해 많은 빛이 발생한다. 퀘이사는 1960년대 처음 관측됐다.

퀘이사가 천체 물리학 연구에서 중요한 이유는 몇 가지다. 먼저, 블랙홀이 우주에 실제 존재한다는 것을 퀘이사 연구로 알아냈다. 천문학자는 제2차 세계 대전 당시 개발된 전파 기술로 하늘을 들여다보기 시작했다. 전파로 보니 그간 보이지 않던 하늘의 다른 얼굴이 드러났다.

전파 망원경 원리는 다음과 같다. 사람 눈은 태양에서 오는 빛을 보도록 진화했다. 지구에서 진화한 우리에게 가장 중요한 것은 태양이 가장 많이 내보내는 종류의 빛이고, 이 빛에 적응하는 게 인간에게는 중요했다. 그래서 우리는 햇빛을 잘 보며, 결과적으로 이게 가시광선이 됐다. 전파는 가시광선보다 파장이 훨씬 긴 빛이다. 가시광선,

동그라미 안에 있는 붉은 점이 퀘이사 IMS J2204+0111이다. 128억 년 전 퀘이사로, 128억 년 전 우주 크기는 현재보다 7분의 1 정도 작았다. 이 퀘이사가 붉게 보이는 이유는 우주가 팽창하면서 이 퀘이사가 우리로부터 광속에 가까운 속도로 멀어지고 있기 때문이다. 임명신 교수 제공 사진.

적외선, 마이크로파, 전파 순으로 파장이 길다. 태양은 전파를 잘 안 내보내니 인간은 전파를 보는 적응력을 갖고 있지 않다.

전쟁 수행을 위해 개발한 전파 기술로 우주를 보니, 전파를 많이 내놓는 천체가 보였다. 이로 인해 전파는 우주를 관측하는 새로운 도구가 되었고, 전파 천문학 시대가 열렸다. 전파 망원경으로 확인한 결과, 전파를 집중적으로 내놓는 천체는 우리 은하가 아니라 다른 은하에 있었다. 아주 멀리 떨어진 곳이었다.

임명신 교수는 이렇게 설명했다. "퀘이사에서 막대한 에너지가 나온다. 에너지가 나오는 지역의 크기는 매우 작았다. 그게 뭘까를 생각했고, 그곳에 별들을 집어넣는다면 어떻게 될까를 살폈다. 그 결과는 별의 밀도가 엄청나게 높아지는 것이었다. 결국 별은 블랙홀이 되고 만다. 퀘이사는 블랙홀이라고 생각할 수밖에 없었다. 퀘이사가 발견되면서 우주에 블랙홀이 실제 있다는 것을 알게 되었다."

지금 우리는 은하 중심부에 거대한 블랙홀이 있다는 것을 알고 있다. 태양 질량의 100만~10억 배, 심지어 100억 배 되는 거대한 블랙홀을 품고 있다. "초기 우주에는 은하 중심부에 기체나 별이 공급되는 여건이 마련되어 있었다. 많은 양의 물질이 블랙홀에 빨려 들어갔다. 물질이 빨려 들어가는 과정에서 강착 원반(accretion disk)이 만들어진다. 강착 원반은 기체와 물질로 가득 차 있고, 블랙홀 주변을 광속의 10~20퍼센트라는 빠른 속도로 회전한다. 이런 곳에서는 마찰이 많이 발생하고 빛이 많이 나온다. 이로 인해 주변이 매우 밝게 빛난다. 그 밝기가 자기가 속해 있는 은하의 10~1,000배쯤 된다."

초기 우주에 퀘이사가 얼마나 많았느냐를 연구하면 우주가 '재이온화(reionization)'한 이유와 그 시점을 알아낼 수 있다. 현재 우주는 이온 상태인 입자로 가득 차 있다. 이온은 전기를 띤 원자, 분자를 말한다. 우주 공간은 전기적으로 중성이 아니라, 이온화된 수소 기체가 주를 이룬다.

우주 재이온화라는 단어는 그 자체에 정보를 담고 있다. '재(再)'는 과거 언젠가 우주가 이온으로 가득 찬 시점이 있었음을 시사한다. 또 그 시대와 현재의 우주 사이에는 전기적으로 중성이었던 시기가 있었다는 것도 알려 준다.

빅뱅 직후 우주는 이온 상태 입자로 가득 찼다. 고온, 고밀도 상태에서 양성자나 전자는 결합하지 않고 각기 독립적인 상태로 있었다. 고온, 고밀도 플라스마 상태였다. 빅뱅 후 우주가 팽창하고, 이로 인해 우주가 조금씩 식으면서 양성자와 전자가 결합했다. 수소와 헬륨이라는 두 원소가 이때 만들어졌고 특히 수소 기체가 우주를 가득 채웠다. 우주의 90퍼센트가 수소다. 빅뱅 직후에는 광자는 마음대로 돌아다니지 못했다. 전하를 띤 물질이 빛을 방해하기 때문이다. 그러나 우주에 전하를 띤 물질이 사라지고 중성 원소가 가득 차면서 광자는 마음대로 돌아다닐 수 있게 됐다. 양성자와 전자가 만나 수소 원자가 태어나는 순간, 우주는 처음으로 투명해졌다. 우주가 태어나고 37만 년이 지난 시점이다. 빛이 우주로 퍼져 나갔다. 이게 태초의 빛이다. 태초의 빛은 우주 배경 복사(cosmic microwave background radiation)라고 불리며, 인류는 1965년 이를 처음으로 알아보았다. 태초의 빛이 어떤 모습인지 확인하기는 쉽다. '우주 배경 복사'라는 단어를 검색하면 이미지가 곧장 뜰 것이다. 국립 과천 과학관에 다녀온 사람이라면, 과학관 입구 위에 걸려 있는 초록색의 대형 우주 배경 복사 이미지를 봤을 것이다.

중성 상태의 우주를 누가 이온화시켰을까? 빛이다. 빛이 입자를 때리면 입자에서 전자가 튀어나온다. 빛은 또 어디서 왔을까? 갓 태어난 천체에서 나왔다. 우주가 진화하면서 별이 출현했다. 우주에 천체가 없는 시기가 물론 있었다. 그때를 '암흑 시대(Cosmic Dark Ages)'라고 부른다. 이를 두고 우주를 밝히는 등대가 없던 시대라고도 표현한다. 천체가 만들어져 빛이 나온 때가 우주 재이온화 시점이라고 본다. 재이온화 시점은 정확히 모른다. 현재로서는 빅뱅 이후 5억 년 전후로 보고 있다.

우주 재이온화를 이끈 유력 후보가 2개 있다. 그중 하나가 퀘이사이고, 다른 후보는 은하다. 임명신 교수는 초기 우주의 퀘이사를 연구했다. 퀘이사는 자신을 품고 있는 은하를 향해 막대한 빛을 내놓고 있다. 퀘이사가 우주 재이온화에 기여했다는 아이디어는 우주가 이온화하려면 자외선이 많이 필요하며, 자외선은 퀘이사에서 많이 발생한다는 데 근거한다. 반면 은하가 재이온화를 이끌었다는 가설은 은하가 퀘이사보다 더 많으니 은하가 더 기여했을 것이라고 주장한다. 은하는 모두 거대 블랙홀을 품고 있으나 모든 거대 블랙홀이 퀘이사인 것은 아니다. 예컨대 우리 은하 중심의 거대 블랙홀은 퀘이사가 아니다. 막대한 에너지를 내놓지 않는다.

임명신 교수는 재이온화를 이끈 천체가 무엇인지 규명하기 위해서 퀘이사나 은하가 초기 우주에 얼마나 많이 있었는지를 알아야 한다고 말했다. 이를 위한 실험 중 하나가 슬론 디지털 전천(全天) 탐사(Sloan Digital Sky Survey) 등 광(廣)시야 탐사다. 광시야 탐사는 광각 렌즈를 사용해 하늘을 넓게 관측한다. 광시야 탐사를 통해 초기 우주의 퀘이사를 많이 찾았다. 그런데 이들이 찾은 것은 퀘이사 중에서도 예외적으로 매우 밝은 것들이었다. 문제는 이 퀘이사들은 우주 재이온화에 기여할 만한 천체가 아닐 것이라는 점이다. 슬론 디지털 전천 탐사에서 발견된 퀘이사들보다 10배가량 어두운 보통 밝기 퀘이사가 우주 재이온화의 주역으로 추정된다. 보통 밝기 퀘이사는 발견된 예가 거의 없다.

임명신 교수가 이끄는 초기 우주 천체 연구단의 주요 임무 중 하나가 초기 우주의 보통 밝기 퀘이사를 찾는 것이다. 초기 우주 천체 연구단은 2015년부터 2019년까지 수십 개의 초기 우주 보통 밝기 퀘이사를 발견하는 데 성공했다. 그는 2007년과 2008년에도 퀘이사 수십 개를 찾았다.

2007년에 찾은 퀘이사와 2015년에 발견한 퀘이사가 어떻게 다르냐고 물었다. 임명신 교수는 "2007년에 찾은 건 또 다른 퀘이사다. 우리 은하 면 방향에 있는 퀘이사로, 초기 우주와 같이 멀리 있는 퀘이사가 아니다. 하늘의 우리 은하 면 방향에는 별이 가득 차 있어서 별과 흡사한 모양을 한 퀘이사를 찾는 것이 매우 어렵다. 2007년에 찾은 퀘이사는 그런 곳에서 찾았다. 어떻게 보면 초기 우주의 퀘이사를 발견하기 위해 연습해 본 것이다."라며 웃었다.

초기 우주 천체 연구단은 2008년에 만들어졌다. 한국 연구 재단의 전신인 과학 재단의 지원을 받았다. 하와이 마우나케아 산에 있는 지름 3.8미터 영국 적외선 망원경(United Kingdom Infrared Telescope, UKIRT)을 사용해 적외선 중심 탐사(Infrared Medium-deep Survey) 프로젝트를 수행했다. 초기 우주 퀘이사 연구를 찾는 광시야 탐사 관측 프로젝트였다. 초기 우주 천체는 매우 멀리 떨어져 있고, 지구로부터 아주 빠른 속도로 멀어지고 있다. 가까운 천체보다 멀리 있는 천체가 지구에서 더 빠른 속도로 멀어지는 것으로 관측된다. 우주가 팽창하고 있기 때문이다. 매우 빠른 속도로 멀어지는 물체의 빛은 가시광선으로 보면 보이지 않고, 가시광선보다 파장이 더 긴 빛인 적외선으로 보인다. 이를 적색 이동이라 한다. 그래서 빠른 속도로 멀어지는 초기 우주 천체는 적외선 망원경으로 관측해야 했다.

우주를 광시야 적외선 망원경으로 촬영한 뒤에는 후보 천체들을 다시 정밀 촬영했다. 후보 천체들은 붉은색으로 보이는 것들이다. 수천만 개의 천체 중에서 붉은색으로 보이는, 즉 지구에서 매우 빠른 속도로 멀어지는 멀리 있는 천체를 찾아내야 했다. 그런 뒤 지상에 있는 제미니 천문대의 8미터급 망원경으로 다시 그 별을 촬영, 해당 천체의 적색 이동 값을 얻었다. 적색 이동 값은 얼마나 빨리 지구에서 멀어지고 있는가를 나타내는 수치로, 지구에서부터 거리를 가리키기도 한다. 제미니 천문대는 쌍둥이 망원경을 갖고 있고, 하나는 하와이에, 다른 하나는 칠레에 있다. 한국 천문 연구원은 2018년부터 제미니 천문대의 공식 파트너로 참여했는데 이에 대해 임명신 교수는 "한국 천문학의 숙원 사업이었다."라고 했다.

임명신 교수 팀은 초기 우주 퀘이사 수십 개를 관측한 결과, 그것들이 어두운 퀘이사라는 것을 확인했다. 그 결과를 토대로 '우주의 재이온화에 퀘이사가 그다지 기여하지 않았다.'라는 내용의 논문을

2015년과 2019년에 썼다. 이 주장은 임명신 교수 그룹이 처음 주장했다. 그러면 우주의 재이온화는 퀘이사가 아니고 은하의 작품일까? "그런 것 같지는 않다. 그래서 우주의 재이온화가 어떻게 일어났는지는 아직 의문이다."

초기 우주 퀘이사 관측을 해서 추가로 진행할 수 있는 연구가 있다. 거대한 블랙홀이 어떻게 태어났을까 하는 문제를 조명할 수 있다. 거대 블랙홀이 초기 우주의 어느 시점에 등장했는지를 알아내기 위해서는 블랙홀이 얼마나 빨리 자랄 수 있느냐를 확인해야 한다. 블랙홀 성장 속도가 문제다. 임명신 교수는 이 문제를 2016년 가을부터 연구하기 시작했다.

초기 우주 퀘이사가 우주의 재이온화에 기여했느냐 하는 주제를 들여다봤을 때 얻은 초기 우주 퀘이사 데이터를 다시 가공했다. 우주 재이온화 이슈를 연구할 때는 제미니 망원경으로 촬영해 해당 천체까지의 거리, 즉 적색 이동 값을 얻었지만 퀘이사 중심부에 있는 블랙홀 질량을 측정하기 위해서는 추가로 근적외선을 갖고 분광 관측을 해야 한다. 칠레에 있는 마젤란 망원경(Magellan Telescope)으로 다시한번 해당 천체들을 관측하고 스펙트럼 모양을 분석했다.

과거 학계는 블랙홀이 초기 우주에서 클 수 있는 한계 성장 속도까지 몸집을 키웠을 것이라고 예측했다. 그러면 별에서 기원한 블랙홀이 거대한 블랙홀이 되었다는게 된다. 임명신 교수 그룹이 들여다보니 초기 우주의 어두운 블랙홀은 천천히 자라고 있었다. 별이 죽어서 생긴 블랙홀로는 거대 블랙홀이 만들어질 수가 없었다. 이에 대한 논문은 2018년 초에 나왔다. 퀘이사는 지금까지 100만 개쯤 발견되었지만 초기 우주 퀘이사는 그중 극히 일부다. 임명신 교수는 앞으로도 블랙홀이 얼마나 빨리 성장했을까를 계속 연구하려 한다.

임명신 교수는 서울 대학교 물리학과 86학번이다. 미국 워싱턴 D. C. 인근에 있는 존스 홉킨스 대학교에서 박사 공부를 했다. 존스 홉킨스에 갔던 것은 볼티모어에 NASA의 우주 망원경 과학 연구소(Space Telescope Science Institute)가 있기 때문이다. 우주 망원경 과학 연구소는 NASA가 지구 궤도에 올린 허블 우주 망원경을 제어하고, 허블이 촬영한 데이터를 관리한다. 존스 홉킨스 대학교에 있으면서 우주 망원경 과학 연구소 과학자들과 같이 일할 기회가 많았다. 허블 우주 망원경을 이용해서 은하 진화와 우주론을 연구해 1995년에 박사 학위를 받았다. 학위를 받은 뒤 존스 홉킨스 대학교과 우주 망원경 과학 연구소, 캘리포니아 대학교 샌타크루즈 캠퍼스에서 박사 후 연구원으로 일했다. 그리고 칼텍의 스피처 사이언스 센터에서 선임 연구원으로 2003년까지 근무했다. 2003년 9월 서울 대학교 교수가 되었다.

임명신 교수는 박사 후 연구원 때 망원경으로 관측하면서 관측 쪽으로 더 힘을 쏟게 되었다. "100억 광년 떨어진 은하에서 나온 빛을 큰 망원경으로 모아 관측하던 때였다. 그렇게 오래전 먼 곳에서 나온 빛을 지구에서 볼 수 있고, 또 어렵게 얻은 빛을 통해 은하의 진화를 이해할 수 있다는 것이 인상 깊었다. '이것이 진짜 우주를 보고 연구하는 거구나!' 하는 생각이 들었다."

임명신 교수의 연구 주제는 크게 세 가지다. 은하 진화, 퀘이사, 그리고 초신성 및 킬로노바(kilonova)와 같이 짧은 시간 존재하는 천체 (transient astronomical event) 연구다. 은하 진화 연구는 박사 과정 때부터 지금까지, 퀘이사 연구는 서울 대학교 부임 후인 2005년부터 시작했다. 초신성과 킬로노바 연구는 2007년부터 시작했다. 창문 한쪽에는 난화분이 놓여 있는데, "올해의 과학자 상"이라고 쓰인 리본이 달려 있었다. 임명신 교수는 그간 SCI 논문 200편을 썼다. 나는 그 논문 수가 무엇을 의미하는지 정확히 알지 못했으나, 대단한 성과라고 생각했다. 학계에서는 자신이 은하 진화 연구자로 더 잘 알려져 있을 것이라고 했다. 그는 이런 일화를 들려주었다.

국제 학회에서 만난 한 외국인이 임명신 교수에게 이런 말을 했다. "은하 진화를 연구하는 Im(임)과 퀘이사를 연구하는 Im, 그리고 초신성을 연구하는 Im이 각각 다른 사람인 줄 알았다. 세 사람이 아니라 한 사람이었군요. 맙소사." 이날 임 교수로부터 들은 은하 진화 관련 내용은 시중에 나와 있는 책에서는 보지 못한 내용이었다. 우주의 재이온화는 흥미로웠다.

$\Rightarrow (S/N)_{ratio}$ with

(S/N) cross-correlation

Simulation

1. ~~Predict~~ approach

i) using C_ℓ code

ii) using $\xi(\theta)$

1. Practise.

conservative

→ showing abundant

송용선
한국 천문 연구원 이론 천문 센터 연구원

한국 천문 연구원 정문 왼쪽에 "우리는 우주에 대한 근원적 의문에 과학으로 답한다."라는 흰색 글씨가 커다란 돌에 새겨져 있다. 대전 유성구에 있는 한국 천문 연구원으로 우주론 연구자 송용선 박사를 찾아가는 길이다. 송용선 박사는 한국 천문 연구원 입구에 쓰여 있는 대로 근원적인 의문을 가지고 있다. 우주 초기에 일어났다는 급팽창의 직접 증거를 찾고 있다.

송용선 박사는 천문 연구원 내 이론 천문 센터에서 우주론을 연구한다. 긴 머리칼의 그는 사색하는 천체 물리학자 같은 인상이었다. 송용선 박사는 "우주 관측 결과가 입자 물리학자가 구축한 입자 물리학 표준 모형과 일치하지 않는다."라고 말했다. 그의 표현에 따르면 입자 물리학 표준 모형은 지구에서 본 자연을 이해하는 모형이다. 입자 물리학자는 전자, 쿼크 등 기본 입자가 물질 세계를 이룬다고 말한다. 송용선 박사는 입자 물리학이 우주에서 일어나는 일을 설명하지 못한다고 말했다.

"지구에 있는 자연과 우주에 있는 자연은 같은 원리로 설명이 되어야 한다. 그런데 그렇지 않다. 입자 물리학 표준 모형과 우주론이 맞지 않는 것을 보여 주는 단서는 우주의 급팽창이다. 입자 물리학 표준 모형은 암흑 물질과 암흑 에너지라는 두 가지 '암흑'을 설명하지 못한다."

우주는 두 번 급팽창했다. 빅뱅이라는 우주의 탄생 시점으로부터 짧은 시간이 지난 후 일어난 우주 초기 급팽창이 첫 번째이다. 그리고 현재 우주 나이 138억 년이 된 시점에서 진행 중인 급팽창이 두 번째 급팽창이다. 먼저 첫 번째 급팽창을 보자. 빅뱅이 일어나고 우주가 곧바로 거대한 크기로 커진 게 아니다. 우주의 급팽창을 일궈낸 사건이 있었다. 빅뱅 직후 시간이 지나면서 우주의 팽창세가 약화됐을 시점에 우주는 다시 상상할 수 없는 큰 힘의 작용으로 급팽창했다. 위키피디아에 따르면 급팽창 사건은 10^{-36}초에 시작되어 10^{-33}초, 혹은 10^{-32}초까지 계속됐다.

138억 년이 지난 현재 우주는 어떤 상태일까? 과거 우주론 연구자는 우주가 커지고는 있으나, 팽창 속도는 줄고 있으리라고 예측했다. 우주에는 막대한 양의 물질이 있고, 물질은 중력으로 서로를 잡아당긴다. 그래서 우주 팽창이 멈출 것이라 생각했다. 그런데 아니었다. 우주는 가속 페달을 밟고 있었다. 인류는 1998년 두 번째 우주 급팽창 사건을 알았다. 초신성 관측을 통해서였다. 멀리 있는 천체일수록 더 빨리 멀어지고 있었다. 이는 우주가 더 빠른 속도로 팽창하고 있기 때문이라고 해석했다.

초기 우주의 급팽창이 끝나고 정상적으로 팽창하던 어느 시점부터 정체불명의 괴력이 우주를 다시 가속 팽창시키고 있다고 한다. 그 시기는 정확히 알 수 없으나 지금으로부터 수십억 년 전으로 추측된다. 이는 인류의 우주관을 뒤집는 충격적인 발견이었다. 우주의 가속 팽창을 알아낸 연구자 솔 폴머터, 브라이언 슈미트, 애덤 리스는 2011년 노벨 물리학상을 받았다.

그렇다면 무엇이 우주를 다시 급팽창하도록 만들었을까? 이유는 불분명하다. 학자들은 그 미지의 힘에 '암흑 에너지'라는 이름을 붙였다. 송용선 박사가 말한 두 가지 암흑 중 하나가 암흑 에너지다. 암흑 에너지는 우주 전체의 물질과 에너지 총량 중에서 약 70퍼센트를 차지할 것으로 예상된다. 암흑 에너지가 무엇인지 지금 학자들은 짐작도 하지 못하고 있다. (암흑 에너지가 없다는 주장도 있다. 1장 참조)

입자 물리학의 표준 모형이 설명하지 못하는 것으로 또 다른 암흑이 있다. 암흑 물질이다. 암흑 물질의 존재도 우주를 연구하면서 알아냈다. 지구의 자연에서는 확인할 수 없었다. 1930년대 프리츠 츠비키(Fritz Zwicky)라는 스위스 천문학자가 머리털자리 은하단(Coma cluster)을 보고 최초로 암흑 물질의 존재를 주장했다. 우리 눈에 보이지 않는 미지의 물질에 츠비키는 암흑 물질이라는 이름을 붙였다. 그의 주장은 당시 그다지 주목받지 못했다.

1970년대 미국 여성 천문학자 베라 루빈(Vera Rubin)이 츠비키 연구를 되살려냈다. 루빈은 외계 은하의 회전 속도를 관측하고 회전 속도

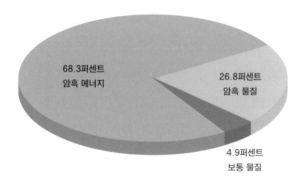

우주를 구성하는 물질과 에너지 총량 중 가장 많은 비율을 차지하고 있는 암흑 에너지는 우주를 가속 팽창시키는 주범으로 지목된다.

가 이상하다는 것을 알아냈으며, 그것을 설명하려면 미지의 물질, 즉 암흑 물질이 있어야 한다고 주장했다. 베라 루빈의 관측은 학계의 인정을 받았다. 그다음에 과학자들이 알려고 한 것은 암흑 물질의 정체다. 암흑 물질의 정체는 아직 모르나 입자 물리학자들은 우주 전체의 물질과 에너지 중 약25퍼센트를 차지한다고 추정한다.

　암흑 에너지는 우주론 연구자의 몫이다. 우주론은 우주의 진화, 즉 과거, 현재, 미래를 연구하는 분야다. 물리학자와 천문학자의 영역이 겹치는 부분이다. 연구자들은 우주를 밀어내는 힘이 작용한 우주 급팽창의 직접 증거를 찾고 있다. 많은 프로젝트가 진행 중이다. 또 직접 관찰한 현재의 우주 급팽창과는 달리, 초기 우주의 급팽창은 직접 관측하지 못했다. 초기 급팽창은 그런 일이 일어났을 것이란 간접 증거만 가지고 있다. 송용선 박사가 이끄는 우주론 그룹의 임무 중의 하나가 이 초기 급팽창의 직접 증거를 찾는 것이다.

송용선 박사 연구팀은 2개의 국제 프로젝트에 참여하고 있다. 전천 (全天, all-sky) 적외선 영상 분광 탐사 망원경 프로젝트인 SPHEREx(Spectro-Photometer for the History of the Universe, Epoch of Reionization and Ices Explorer)와 DESI(Dark Energy Spectroscopic Instrument, 암흑 에너지 분광기 프로젝트)이다. SPHEREx는 NASA 제트 추진 연구소(Jet Propulsion Laboratory, JPL)가 준비하고 있고 2023년 발사 예정이다. 한국 천문 연구원은 SPHEREx에 들어갈 기기 일부를 우리나라에서 제작 중이다. DESI 프로젝트는 미국 캘리포니아 대학교 버클리 캠퍼스 팀이 이끌며 16개 국제 기관이 함께한다. 미국 애리조나 주 투산 인근에 있는 키트 피크(Kitt Peak)의 망원경으로 2013년부터 관측을 시작했다. 우주 팽창의 역사와 암흑 에너지 물리학을 탐사하는 것이 관측의 목표다. DESI는 현재 기획되고 있는 전천 탐사 중에서 가장 방대하고 정밀한 분광 광시야 실험이라고 불린다. 전천 탐사는 하늘의 전 영역을 망원경으로 관측하는 것을 말한다. 때문에 시야가 넓은 광시야 실험이다.

범죄 현장에는 흔적이 남아 있다. 초기 우주 급팽창에도 그 흔적이 남아 있다. 하나는 초기 우주 중력파이고, 또 하나는 우주 거대 구조에 남아 있는 비선형 확률 분포다. 초기 우주 중력파는, 급팽창이 일어나면서 시공간을 흔들었고 그 충격으로 생긴 파동이다. 블랙홀 충돌에서 생긴 중력파와는 다른 것이다. 미국과 유럽은 레이저 간섭계 중력파 관측소(LIGO와 VIRGO)를 만들고, 천체들이 충돌해서 만든 중력파를 검출했다. 별이 만드는 중력파는 우주에서 수없이 발생하지만 초기 우주 중력파는 단 한 번 만들어졌다. 1회성 사건이었기 때문이다.

4장 우주 급팽창의 직접적인 증거를 찾다

지금까지 급팽창 중력파를 찾아내기 위한 많은 실험이 있었다. 아직까지는 모두 실패했다. 가장 유명한 관측 실험으로는 일본 우주 항공 연구 개발 기구(Japan Aerospace eXploration Agency, JAXA)의 LiteBIRD와 몇 년 전 초기 우주 중력파를 발견했다는 오보를 냈던 BICEP 실험이 있다. 송용선 박사는 "현재 미국과 유럽이 공동으로 지상 실험 프로젝트를 추진 중이다. 우리도 참여 방식을 놓고 프로젝트 추진 측과 대화하고 있다."라고 말했다.

그는 지금 초기 우주 급팽창의 두 번째 직접 증거, 즉 우주 거대 구조에 남아 있을 수 있는 비선형 확률 분포를 찾고 있다. 우주 거대 구조에서 확인할 수 있는 증거인 비선형 확률 분포는 우주에 있는 모든 은하의 분포를 확인하는 작업에서 시작된다. 은하 분포는 초기 우주에 있었던 씨앗이 자라나 만들어진 것이다. 우주 거대 구조의 그림을 정확히 알면 그것을 만들어 낸 씨앗을 역으로 추적할 수 있다. 이 같은 실험은 1970년대 에드워드 로버트 해리슨(Edward Robert Harrison)과 야코프 젤도비치(Yakov Zeldovich) 이론에 근거한다. 해리슨과 젤도비치는 현재와 같은 은하 분포는 태초에 그 씨앗이 우주 전 공간에 뿌려졌기 때문이라고 주장했다. 우주 초기의 씨앗은 물리학 용어로는 양자 요동(quantum fluctuation)이다. 우주 초기의 양자 요동 형태가 어땠는지를 알아내는 것이 송용선 박사 팀의 일이다. 2025년쯤 연구 결과가 나올 예정이다.

양자 요동이라는 말이 어렵게 들린다. 물리학자는 초기 우주로 가면 시공간이 아주 아주 작았고, 너무 작기에 양자 역학이 지배한다고 말한다. 거칠게 이야기하면 양자 역학은 원자보다 작은 세계에서 작동하는 물리 법칙이다. 우리 일상에서의 물리 법칙과는 다른 물리학이 이 작은 세계에 적용된다. 미시 세계, 즉 양자 세계에서는 양자 요동 현상이 일어난다고 물리학자는 믿는다. 예컨대 아무것도 없어 보이는 진공은 아무것도 없는 곳이 아니다. 엄청난 에너지를 가진 입자가 짧은 순간 출몰했다 사라진다. 빅뱅 직후의 시공간에도 이런 양자 요동이 있었고, 이로 인해 공간 내 물질들의 밀도 차이가 있었다.

이 밀도 차이는 급팽창으로 인해 시공간이 커지면 어떻게 될까? 송용선 박사는 "초기 우주의 양자 요동이 급팽창이 끝난 우주에 그대로 얼어붙고 말았다."라고 말했다. 초기 우주의 양자 요동 형태가 무한히 큰 모습으로 확대됐으며, 그게 과거의 우주 모습이다. 그리고 그 우주가 진화를 계속해 지금의 모습이 되었다.

초기 우주의 양자 요동 형태와 관련해서는 10여 개 예측이 나와 있다. 급팽창이 어떻게 일어났다고 설명하는 이론들은 각각 양자 요동 형태를 예측하는데, 지금까지 나온 급팽창 이론은 수백 개에 이른다. 수백 개 급팽창 이론이 예측하는 양자 요동 형태를 분류해 보면 10여 개다.

송용선 박사 그룹은 현재 우주 진화 시뮬레이션을 하고 있다. 우주 전체의 은하 지도가 나오기 전에 이론적인 연구를 해야 한다. 우주 거대 구조 이론을 만들어야 한다. 초기 우주의 요동 형태와 우주의 은하 지도를 연결시키려면 이론이 있어야 한다. 우주 진화를 설명하는 이론이 있어야, 은하 지도가 나오면 그것을 갖고 초기 우주 요동 형태를 역추적할 수 있다. 어떤 초기 우주 양자 요동이 태초에 일어났는지를 확인할 수 있다. 이론에 따라 시뮬레이션을 만들고, 그 시뮬레이션으로 어떤 급팽창 이론이 맞는지 틀리는지를 검증하게 된다.

송용선 박사는 연세 대학교 물리학과 89학번이다. 석사까지 연세 대학교에서 공부하고, 1998년 영국 런던의 임페리얼 칼리지에 가서 1년간 다시 석사 과정을 밟았다. 이때까지의 연구 주제는 끈 이론이었다. 이후 미국 새크라멘토 인근 도시 데이비스에 있는 캘리포니아 대학교에서 박사 공부를 했다. 임페리얼 칼리지에 있던 안드레아스 알브레히트(Andreas Albrecht) 교수를 찾아 유럽에서 미국으로 갔다. 알브레히트 교수가 끈 이론 연구자로 알았으나, 알고 보니 우주론 연구자였다. 그렇게 송용선 학생은 우주론을 공부하게 되었다.

알브레히트는 급팽창 이론을 만든 대가 중 하나이다. 그는 초기 우주에 급팽창이 일어난 과정과 관련 새로운 급팽창 이론을 1980년대 초에 내놓았다. 급팽창 이론으로 가장 유명한 인물은 미국 앨런 구스(Alan Guth)다. 구스는 1979년 우주론의 자기 홀극(magnetic monopole) 문제를 연구하다가 초기 급팽창 이론을 내놓았다. 그의 급팽창 아이디어는 빅뱅 이론이 설명하지 못하던 여러 문제를 해결했다. 서로 멀리 떨어진 우주는 아무런 정보를 주고받을 수 없는데도 왜 비슷한가 하는 문제(지평선 문제)와 우주는 왜 편평한가 하는 문제(평탄성 문제)에 대해 내놓은 답이 그 일부다. 우주론 연구자들은 앨런 구스의 초기 급팽창 이론에 환호했다. 그러나 구스의 모형보다 더 그럴듯한 급팽창 모형을 폴 스타인하트(Paul Steinhardt), 안드레이 린데(Andrei Linde), 안드레아스 알브레히트가 후에 내놓았다.

송용선 박사는 알브레히트 교수와 2편의 논문을 같이 썼다. 알브레히트는 내가 송용선 박사를 인터뷰하기 2주 전에 한국 천문 연구원을 찾았다고 했다.

송용선 박사의 박사 논문은 로이드 녹스(Lloyd Knox) 교수가 지도했다. 송용선 박사 과정 학생은 알브레히트 교수 연구실에서 연구하다가 물리학과에 신임 교수로 온 녹스의 지도를 받게 됐다. 송용선 박사는 "녹스 교수는 내 연구 인생에서 중요했다. 나는 그의 첫 학생이다. 그는 나이는 나보다 한 살 어렸지만 그로부터 많이 배웠다."라고 말했다. 이때 태초에 급팽창이 일어났다는 직접적인 증거 중 하나인 초기 우주 중력파를 찾기 위한 연구를 했다. 남극에 설치된 BICEP 망원경으로 중력파를 검출하는 방법과 망원경의 검출 한계치를 알아냈다.

박사 후 연구원 생활은 미국 시카고 대학교와 영국 포츠머스 대학교에서 했다. 우주 거대 구조 연구였다. 시카고 대학교에서는 왜 현재의 우주가 급팽창하고 있는지, 그 방법론을 연구했다. 지도 교수인 웨인 후(Wayne Hu)와 암흑 에너지 없이도 상대성 이론을 우주 공간에 적용하면 우주의 가속 팽창을 설명할 수 있음을 알아냈다.

"암흑 에너지는 입자 물리학 이론으로 만들어 내기 어렵다. 그래서 대신 중력을 들여다봤다. 우주와 같은 거시적 범위에서는 중력이 변할 수도 있다. 중력이 약화될 수 있는 가능성을 연구했다. 또 아인슈타인 중력 이론은 완전하지 않은데, 이것으로 가속 팽창을 만드는 이론을 만들었다. 그 이론이 맞다면 우주 거대 구조가 어떻게 달라질까를 연구했다. 또 그런 우주 거대 구조를 어떻게 관측할 수 있을까를 연구했다. 그때 우주 거대 구조 연구가 지금 프로젝트까지 이어졌다."

중력 크기가 우주 공간 크기에 따라 달라질 수 있다고 보는 물리학자가 있는데, 이 이론을 '수정 뉴턴 역학(Modified Newtonian Dynamics, MOND)'이라고 한다. 시카고 대학교 시절 쓴 수정 중력에 관한 논문은 피인용 수가 300번을 넘을 정도로 주목을 받았다. 그가 쓴 논문 중에서 가장 많이 인용됐다.

송용선 박사는 2010년 한국에 돌아왔고, 2011년 한국 천문 연구원에 들어갔다. 연구원에는 우주론 그룹이 없어 새로 만들었다. 현재 우주론 그룹 연구자는 10명이다. 그가 이론 천문 센터장으로 한 일은 분광 광시야 실험인 DESI에 참여한 것이다. 송용선 박사는 자신의 연구 분야가 암흑 물질, 암흑 에너지, 우주 초기 조건 세 가지라고 꼽았다.

송용선 박사는 "빅뱅이 우주를 만들어 냈다면, 초기 우주의 급팽창은 생명을 만들어 냈다."라고 첫 번째 급팽창에 의미를 부여했다. 옳은 말이라고 생각했다. 초기 우주의 모든 곳이 균일했다면 우주에는 어떤 구조물도 생기지 않았을 것이다. 하늘의 별도, 별을 도는 행성도, 행성에 사는 생명체도 불가능하다. 텅 빈 우주가 아니고, 밤하늘을 꽉 차게 만든 주역이 급팽창이었다니. 나를 있게 한 우주적 사건을 발견한 느낌이었다.

2부

코스모스 속
미스터리
천체들

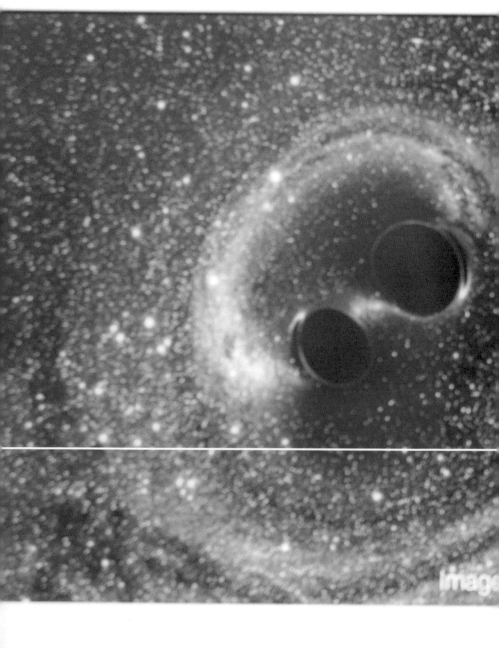

중력파와 음즈 시고가

5장 중성자별끼리 충돌하니 지구만 한 금덩어리가

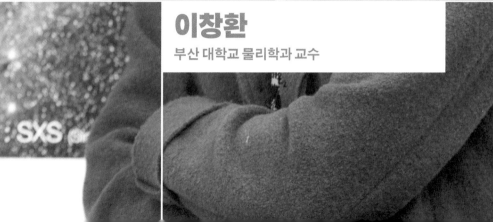

이창환

부산 대학교 물리학과 교수

이창환 부산 대학교 물리학과 교수는 중성자별(neutron star) 연구의 국내 선두 주자다. 부산 대학교 제1물리관 4층 연구실에서 만났다. 그는 박사 논문을 중성자별로 썼다. 지금도 중성자별의 내부 구조를 알아내기 위해 이런저런 궁리를 하고 있다. 어떤 물리학자는 그를 블랙홀 연구자라고 하고, 다른 물리학자는 감마선 폭발(gamma-ray burst)을 연구하는 이론 물리학자라고도 내게 말해 줬다.

이창환 교수는 "나는 중성자별 연구자다. 중성자별이 언제 블랙홀이 되는지 그 조건을 알아내는 것이 큰 주제다. 그런 걸 보고 나를 블랙홀 연구자라고 생각했던 것 같다. 또 중성자별과 중성자별이 충돌할 때, 또는 블랙홀 두 개가 쌍성계를 형성하는 과정에서 감마선 분출이 있을 수 있다. 그래서 감마선 폭발도 연구했다."라고 설명했다.

중성자별은 중성자로 대부분 만들어진 천체다. 중성자가 별 중심에서부터 바깥쪽으로 끝없이 쌓여 있다. 중성자와 물리적 성질은 똑같으나, 양전기를 띠고 있는 입자가 양성자다. 중성자와 양성자는 통상 원자핵 안에 들어 있다. 전자가 원자핵 주변을 돌고 있으면 원자가 된다. 그런데 중성자별에 가면 양성자를 볼 수 없다. 기이하다. 무슨 일이 있었기에 이렇게 기이한 천체가 우주에 있단 말인가?

"중성자별 질량은 태양의 2~2.5배 정도 된다. 그런데 크기는 반지름이 15킬로미터 안팎이다. 태양의 반지름은 약 70만 킬로미터다. 태양보다 질량이 무거운데 크기는 비교할 수 없이 작다. 몸집이 작은데 단단한 게 중성자별이다. 물질을 엄청나게 압축해 놓은 게 중성자별이라고 보면 된다. 부산 시내 건물 전체를 각설탕 크기 하나에 집어넣은 게 중성자별이다."

극강의 압축술에서 중성자별의 특징이 드러난다. 중성자별은 물질이 상상할 수 없을 정도로 강한 중력에 눌렸을 때 만들어진다. 원자가 다 으깨질 정도로 강한 힘이 작용한 것이다. 외부 압력이 강하면 원자 안의 전자가 원자핵 주변에 있지 못하고 원자핵 가까이 밀려온다. 이 현상을 전자 축퇴(縮退)라고 한다. 백색 왜성이란 별이 있는데, 이 별은 전자 축퇴가 일어나 만들어졌다. 태양도 앞으로 오랜 시간이 지나면 백색 왜성이 된다.

그런데 전자 축퇴보다 더 강한 압력이 원자핵을 압박할 수도 있다. 이 경우에는 전자가 핵 안으로까지 밀려 들어가고 원자핵 안에 있는 양성자와 만나게 된다. 양성자와 전자가 만나면 중성자와 중성미자라는 2개 입자로 바뀐다. 이런 일이 일어나 만들어진 게 중성자별이다.

원자 크기 대부분을 차지하는 것은 전자가 있는 원자의 바깥쪽 껍질이다. 원자 크기를 서울 여의도에 비유한다면, 원자 가운데 있는 원자핵은 여의도 한복판에 있는 야구공 크기와 같다. 여의도 크기 대 야구공 크기의 비율이니, 원자핵이 원자 내에서 얼마나 작은 공간을 차지하는지 알 수 있다. 따라서 전자가 외압에 밀려 원자핵 안으로 밀려 들어가면 원자 전체가 차지하던 공간이 원자핵 크기로 줄어든다. 원래보다 1,000분의 1 크기, 1만분의 1 크기로 작아진다. 여의도가 야구공 크기로 변하는 것이다. 부산의 모든 건물을 압축해 각설탕 하나 안에 집어넣을 수 있다는 이창환 교수 말은 이런 맥락이다.

중성자별은 초당 1,000번 회전하는 경우도 있다. 무거웠던 별이 폭발하면서 별의 외곽 부분은 떨어져 나가고 단단한 중심부만 남은 게 중성자별이다. 많은 게 떨어져 나갔지만 중성자별은 원래 별이 가지고 있던 회전 운동량(각운동량)이라는 물리량을 그대로 가진다. 이 때문에 별의 회전 속도가 상상할 수 없을 정도로 빠르다. 피겨 스케이팅 선수가 두 팔을 벌렸을 때보다 모았을 때 제자리에서 회전하는 속도가 빨라지는 것과 같은 이치다. 별 크기가 작아지니 회전 속도가 빨라진 것이다.

이창환 교수가 중성자별을 연구한 것은 프랑스 최대 국립 핵물리 연구 기관인 사클레 연구소(IRFU CEA-Saclay Laboratory)에서 일하던 노만규 박사가 계기가 됐다. 노만규 박사는 2002년 호암상을 받은 핵물리학계의 석학이다. 이창환 교수가 서울 대학교 물리학과 민동필 교수 밑에서 배울 때 노만규 박사가 서울에 와서 1년간 머무른 적이 있다.

"노만규 교수님과 같이 연구했다. 교수님이 '입자 하나보다 여러 개가 뭉친 것이 재밌다. 그런 건 중성자별 안에 제일 많다.'라면서 중성자별 연구를 추천해 주셨다. 그래서 입자 물리학으로 출발했던 연구가 천체 물리학으로 확장됐다." 박사 논문은 중성자별이 블랙홀로 바뀌는 정확한 경계 질량을 알아내는 것으로 썼다. 중성자별 안에 케이온(kaon)이라는 입자가 얼마나 있고, 그게 중성자별 구조에 어떤 영향을 미치는가 하는 이론을 연구했다.

1995년에 서울대에서 박사 학위를 받은 뒤 미국 동부 뉴욕 주 롱아일랜드에 있는 스토니브룩으로 갔다. 노만규 교수가 뉴욕 주립 대학교 물리학과의 제럴드 브라운(Gerald Brown) 교수를 소개했다. 덕분에 지원서 한 장 쓰지 않고 스토니브룩으로 갔다. 노만규 교수와의 인연이 연구 생활에 큰 힘이 된 것이다. 이창환 교수는 브라운 교수의 요구에 따라 4년 6개월을 스토니브룩에서 연구하며 지냈다. 통상은 박사 후 연구원은 한 곳에서 2년 정도를 보낸다. 스토니브룩에서 이창환 교수는 연구 주제를 확장했다. 중성자별, 블랙홀 쌍성계를 연구했다. 제럴드 교수가 "지금까지는 중성자별 내부를 봤으니, 이제 중성자별 외부를 보면 어떻겠냐?"라고 제안해서 연구를 시작했다.

두 별이 서로를 도는 게 쌍성계다. 이창환 교수는 쌍성계의 두 별은 어떻게 진화하는지 연구했다. 중성자별은 혼자만 있으면 계속 중성자별로 남아 있다. 하지만 다른 별과 쌍성계를 이루고 있으면 다른 별에서 중성자별로 물질이 넘어올 수 있다. 그 결과 중성자별의 질량이 늘어난다. 중성자별은 무거워지면 블랙홀이 된다.

이창환 교수에 따르면 일반 별에서 블랙홀로 물질이 넘어올 때 엑스선이 나온다. 엑스선을 분출하는 블랙홀 쌍성계는 지구에서 관측된다. "20년 전에 내가 논문을 쓸 때는 엑스선을 내보내는 블랙홀 쌍성계 중 질량이 확인된 것은 우리 은하에 12개였다. 보지 못한 블랙홀 쌍성계가 우리 은하에도 많다. 수천, 수만 개가 있을 것이다." 이창환 교수는 당시 우리 은하의 블랙홀 쌍성계 12개를 분석, 블랙홀들의 공전 주기와 질량의 상관 관계를 연구했다. 그때까지 다른 연구자는 1개의 블랙홀 쌍성계를 연구했다면, 이창환 교수는 우리 은하에서 발견된 블랙홀 쌍성계 모두를 놓고 블랙홀 쌍성계 진화의 큰 흐름을 보려 했다. 블랙홀이 왜 이런 질량 분포를 보이는지 등을 이론적으로 설명했다. 이창환 교수는 "제럴드 교수님이 있었기 때문에 내가 거기까지 갈 수 있었다."라고 말했다.

제럴드 브라운은 특히 초신성 연구로 알려져 있다. 이 연구는 전설적인 핵물리학자인 한스 베테(Hans Bethe)와 함께했다. 베테는 태양에서 핵융합 반응이 정확히 어떻게 일어나는지 규명해 1967년 노벨 물리학상을 받은 바 있다. 베테가 당시 쓴 핵융합 반응 관련 논문 3개는 '베테의 경전'이라고 불리며 권위를 인정받았다. 1906년생인 베테는 1926년생인 제럴드 브라운보다 한 세대 윗사람이다.

베테는 당시 90대의 고령인데도 후학인 브라운과 초신성을 같이 연구했다. 베테는 태양 핵융합 반응을 규명한 이후 천체 물리학으로 관심 분야를 넓혔다. 두 사람은 초신성 폭발 때 중성미자가 엄청나게 나온다는 것을 이론적으로 밝혔다. 그 이론은 1987년 일본의 중성미자 실험 시설인 카미오칸데(ガミオカンデ, KAMIOKANDE)가 초신성에서

나온 중성미자를 실제로 검출하면서 옳은 것으로 확인됐다. 카미오 칸데가 검출한 중성미자 입자 개수와 에너지양이 베테와 브라운의 이론 예측과 일치했다.

한스 베테는 전설적인 물리학자라, 나는 그에 대해 더 이야기를 듣고 싶었다. 베테는 뉴욕 주 이타카에 있는 코넬 대학교에서 일했고, 브라운은 뉴욕 주 롱아일랜드에 있는 스토니브룩 뉴욕 주립 대학교에서 근무했다. 서로 떨어져 있었지만 메모 편지를 주고받으며 공동 연구를 했다. 팩스가 당시의 교신 수단이었다.

어느 날 베테가 보내온 팩스를 이창환 교수는 기억하고 있다. 팩스 용지에 "5024쪽"이라고 써 있었다. 두 사람이 주고받은 연구 노트가 산더미만 한 분량이 되어 있던 것이다. 베테가 쓴 수식을 보았다. 영감이 매우 뛰어나다는 것을 알 수 있었다. 한번은 이런 일도 있었다. 베테가 미국 국립 로스앨러모스 연구소(Los Alamos National Laboratory)의 별 폭발 계산 결과 데이터를 쓱 보더니 계산이 틀렸다고 지적했다. "엔트로피가 너무 작다. 이렇게 되면 중심부가 붕괴해 중성자별이나 블랙홀이 된다." 지적을 받은 로스앨러모스 연구소 연구자는 1년이 걸려서야 자기 계산의 어디가 틀렸는지 알아낼 수 있었다.

한스 베테는 독일령 스트라스부르 출생이다. 그는 고령에도 아침부터 스테이크를 즐겼다. 브라운 교수와 이창환 교수는 2006년 한스 베테 추모 문집을 발간했다. 이창환 교수가 자신의 연구실 책장에서 검은색의 문집을 꺼내 보여 줬다.

이창환 교수는 뉴욕 주립 대학교 스토니브룩 캠퍼스 시절, 추운 겨울이 오면 은사를 따라 따뜻한 캘리포니아에 가서 한 달을 머물렀다. 칼텍의 물리학자인 킵 손(Kip Thorne) 교수가 매년 겨울이면 브라운 교수를 초청했다. 공동 연구를 하기 위해서다. 킵 손은 베테도 함께 초청했다. 베테는 고령으로 건강이 좋지 않아 그 시절 LA에는 한 번밖에 오지 않았다. 킵 손은 1990년대 초반 제럴드와 베테를 만나 이렇게 제안했다. "중력파의 소스(source) 중 하나가 중성자별과 중성자별의 충돌인 듯하다. 우주에 중성자별이 얼마나 많이 있는지 연구해 줄 수 있겠느냐?" 킵 손은 중력파 검출기 LIGO(Laser Interferometer Gravitational-Wave Observatory, 레이저 간섭계 중력파 관측소. '라이고'라고 읽는다.) 개발과 인류 역사상 최초로 중력파를 검출한 일에 결정적 공헌을 한 것으로 평가받아 나중에 노벨 물리학상을 받게 된다.

이창환 박사는 4년 6개월의 스토니브룩 생활을 마치고 2000년 한국에 돌아왔다. 2003년 부산 대학교 교수로 일하게 되었다. 돌아온 뒤에도 매년 방학 때면 스토니브룩에 가서 은사를 만났고, 이곳에 있는 물리학자와 공동 연구를 했다. 이창환 교수는 킵 손을 만난 게 계기가 되어 중력파 연구에 관심을 갖게 됐다. 한국에 2009년 중력파 연구단이 생겼을 때 연구 그룹에 가입했다. 중력파 연구를 통해 중성자별 내부 구조를 이해할 수 있다는 생각을 했다.

이창환 교수는 부산 대학교 교수가 된 뒤 중력파 소스 연구에 집중했다. 중력파에 중성자별 내부 구조가 어떻게 반영됐는지를 본다. 중력파 자체가 아닌 중력파 소스 연구다. 사실 중성자별 연구는 그간 침체되어 있었다. 내부 구조를 직접 볼 수 없었기 때문이다. 그런데

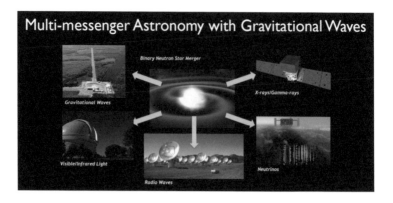

두 중성자별이 충돌하면 중력파를 비롯해 감마선, 엑스선, 가시광선, 자외선, 전파 등 다양한 파장의 전자기파가 방출된다. 각각의 신호들은 시차를 두고 지구에 도착하는데, 이렇게 다양한 신호들은 각기 다른 망원경으로 관측이 가능하다. 2017년 중성자별 충돌 사건은 다중 신호 천문학을 가능하게 해 주었다. 조지아 공과 대학 LIGO 협력단 제공 사진.

최근 중력파 검출로 활기를 되찾았다. 2017년 8월 17일 중력파 검출기 LIGO에 중성자별과 중성자별의 충돌로 만들어진 중력파가 처음 잡혔다. 이전에 검출된 중력파는 모두 블랙홀과 블랙홀 충돌에서 나온 것이었다. 이 사건은 날짜를 따라 'GW170817'이란 이름이 붙었다.

이 중성자별 충돌이 유명한 이유는 다중 신호 천문학(multi-messenger astronomy) 시대를 열었기 때문이다. 감마선은 물론이고 엑스선, 가시광선, 전파까지 모두 나왔다. 가장 먼저 나오는 전자기파는 감마선이다. 중성자별이 서로 공전하면서 충돌하는 회전축 방향, 즉 직선 방향으로 감마선이 먼저 나온다. 워낙 강하기 때문에 똑바로 나온다. 시간이 지나 에너지가 떨어지면서 감마선이 옆으로 퍼지고, 그것이 다시 옆의 물질과 충돌하면서 다른 전자기파가 만들어진다. 중성자별은 블랙홀 충돌과는 달리 충돌 이후 주위에 기체가 많이 남는다. 이 물질과 감마선이 부딪치면서 또 다른 전자기파가 나온다. 그러면 시차를 두고 지구에서 각종 망원경으로 중성자별 충돌에서 나오는 다양한 신호를 관측할 수 있다. 이론으로 예상했던 일인데, 이 현상을 직접 관측할 수 있었기에 GW170817 사건은 놀라웠다.

중성자별과 중성자별이 충돌해서 잠시 밤하늘에 생기는 빛나는 천체를 킬로노바라고 부른다. 노바는 새로운 별, 신성이라는 말이고, 킬로는 숫자 1,000을 가리킨다. 킬로노바는 밝기가 신성의 1,000배쯤 되는 천체라는 뜻이다. 이창환 교수는 "2017년 8월 17일 킬로노바 폭발 때 지구보다 더 큰 분량의 금이 만들어졌다."라고 말했다. 나는 처음에는 말을 알아듣지 못하다가, 잠시 뒤에 이해했다. 생각지 못한 이야기였기 때문이다. 별은 우주 용광로라고 하더니 딱 맞는 말이었다.

원소 탄생과 관련해 중성자별 연구가 시사하는 것이 크다. 중성자별 충돌 사건 이후 빛이 나오는 시간을 보면, 이곳에 있는 물질을 추정할 수 있다. 지금까지 수소를 제외한 가벼운 원소는 별의 중심에서 만들어지고, 무거운 원소는 초신성 폭발 때 만들어진다고 알려져 있었다. 하지만 무거운 원소의 생성 과정은 확실하지 않았다. 그런데 GW170817 사건으로 무거운 원소 중 가벼운 것은 초신성 폭발에서, 무거운 것은 중성자별 충돌에서 주로 만들어진다는 주장이 주목을 받게 됐다. 이창환 교수는 "중성자별 충돌 사건은 앞으로도 계속 발견될 것이다. 기대가 크다."라고 말했다.

중력파 연구에서 지금까지 크게 의미 있는 것은 두 가지다. 하나는 지금까지 말한 중성자별 폭발이고, 다른 하나는 블랙홀과 관련이 있다. 이창환 교수는 2018년 12월 중순까지의 자료를 보여 주며 "무거운 블랙홀이 생각보다 많다."라고 말했다.

기존에는 우리 은하에서 태양 질량 30배 이하 블랙홀만 발견됐다. 물론 은하 중심에 있는 거대한 블랙홀은 여기서 제외된다. 그런데 중력파 검출기로 태양 질량 30~80배 되는 블랙홀이 충돌하는 사건도 지금까지 10개 정도 발견됐다. "획기적인 사건이다. 은하계 내부의 블랙홀 개수가 달라지면 별의 진화 시나리오가 바뀌어야 한다. 우주 진화 연구에까지 영향을 주는 발견이다."

이창환 교수는 5년 전부터는 중이온 가속기 연구를 하고 있다. 대전에 들어설 중이온 가속기 라온(RAON, Rare isotope Accelerator complex for ON-line experiment)을 이용하면 중성자별 충돌 때 무슨 일이 일어나는지를 알 수 있다. "요즘 연구의 80~90퍼센트가 중이온 충돌 실험을 위한 시뮬레이션 코드 개발이다. 옆방에 박사 후 연구원과 학생 들이 있는데 코드 개발 관련 토론을 하고 있다. 한국에서 생산되는 데이터를 활용할 수 있는 연구를 하고 있다." 그는 중이온 가속기 실험에서 만들어지는 고밀도 물질의 성질을 알면 중성자별 내부의 상태 방정식을 검증할 수 있다고 했다.

이창환 교수는 박사 후 연구원 시절 캘리포니아에서 만났던 킵 손 교수를 몇 년 전 한국에서 다시 만났다. 킵 손이 자문한 영화「인터스텔라」(2014년)가 인기를 끌면서 그가 한국에 와서 대중 강연을 할 때 만나 한국 일정을 도왔고, 이후 이창환 교수 역시 대중과 만날 기회를 많이 가졌다. 대중 강연 횟수만 100번이 넘는다.

이창환 교수는 인터뷰를 마친 내게 "서울에 가면서 보라."라며 그의 글이 실린 『과학과 인문학과의 대화』라는 책을 건네줬다. 기차에서 책을 펼쳐 보니 「현대 물리학과 현대 미술」이라는 제목의 글이 실려 있었다. 사진 작가 김아타의 작품 「인달라」와 김환기 화백의 「어디서 무엇이 되어 다시 만나랴」 같은 현대 미술로 물리학을 쉽게 전달하고 있었다. 읽다 보니 연필을 꺼내 밑줄을 치게 되었고, 서울역에 내리니 밤하늘이 보였다. 태양이 사라져야 드러나는 우주의 모습이었다. 중성자별과 블랙홀이 시공을 흔드는.

6장 거대 질량 블랙홀이 뿜어내는 제트가 미스터리

손봉원

한국 천문 연구원 전파 천문 연구 그룹 연구원

인류 최초로 촬영한 블랙홀 사진이 2019년 4월 공개되었다. 촬영은 사건 지평선 망원경(Event Horizon Telescope, EHT) 그룹이 했다. 손봉원 한국 천문 연구원 박사는 EHT 프로젝트 한국 책임자다. 한국 천문 연구원 사무실에서 만난 그는 "블랙홀 그림자 촬영을 주도한 천문학자 2~3명은 노벨 물리학상에 근접했다고 생각한다."라며 EHT의 성취를 높이 평가했다. EHT 총괄 대표 겸 미국 대표는 셰퍼드 돌먼(Sheperd Doeleman)이고, 유럽 대표는 하이노 팔케(Heino Falcke)다. 돌먼은 미국 하버드 스미스소니언 천체 물리 센터 소속이고, 팔케는 네덜란드 라드바우드 대학교 교수다. 이들은 처녀자리 은하단 중심의 블랙홀 M87을 촬영했고, 인류가 눈으로 블랙홀 존재를 확인한 첫 번째 촬영이었다.

손봉원 박사는 독일 막스 플랑크 전파 천문학 연구소 연구원 시절 돌먼과 같이 일한 인연이 있다. EHT 프로젝트 출범을 위한 기초 관

6장 거대 질량 블랙홀이 뿜어내는 제트가 미스터리

측을 함께했다. 손 박사에 따르면, 이 프로젝트의 숨은 주역으로 토마스 크리히바움(Thomas Krichbaum) 박사가 있다. 크리히바움 박사는 송봉원 박사의 박사 후 연구원 시절 은사다. 그는 이 두 사람과 EHT 프로젝트를 만들기 위한 관측을 2003년 미국 애리조나에 가서 했다. 이때 인연이 이어져 EHT 프로젝트에 참여하게 됐다.

EHT 한국 그룹은 손봉원 박사 등 모두 10명이다. 한국 천문 연구원의 김재영, 김종수, 변도영, 오정환, 손봉원, 이상성, 정태현, 조일제, 샤오펑 청(Xiaopeng Cheng) 박사와, 서울 대학교 사샤 트리페(Sascha Trippe) 교수다. EHT에 외국 기관 소속으로 참여하고 있는 인력에는 김동진(독일 막스 플랑크 전파 천문학 연구소), 김준한(미국 애리조나 대학교), 박종호(대만 타이페이 천체 물리 연구원), 윤두수(네덜란드 암스테르담 대학교) 박사가 있다.

EHT 한국 그룹은 하와이에 있는 마우나케아 섬 정상에 있는 제임스 클러크 맥스웰 망원경(James Clerk Maxwell Telescope, JCMT)으로 관측했다. 2017년 3월 말부터 4월 초까지 M87 블랙홀을 촬영, 블랙홀 그림자 이미지를 만드는 데 기여했다. 한국 천문 연구원은 JCMT 지분을 일부 가지고 있어 망원경 사용 시간을 확보할 수 있었다.

M87 블랙홀 관측은 전파 망원경으로 했다. 은하 중심의 거대 질량 블랙홀이 막대한 양의 전파를 쏟아 내기에, 전파를 볼 수 있는 전파 망원경을 들이대야 한다. EHT는 하와이, 애리조나, 칠레, 멕시코, 스페인, 남극에 있는 전파 망원경 8개를 네트워크로 연결해 촬영했다. 먼 곳에 떨어진 전파 망원경을 동원해 촬영할수록 해상도가 높아진다. 전파 망원경이 보내온 이미지를 슈퍼컴퓨터로 처리하면 전파, 즉

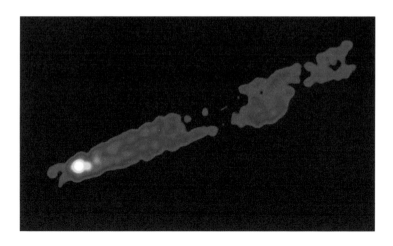

M87 거대 질량 블랙홀(왼쪽 끝의 밝은 부분)과 블랙홀에서 뻗어나오는 제트. 제트는 손봉원 박사가 이끄는 한국 천문 연구원 전파 망원경 팀과 일본·중국 전파 망원경 네트워크로 촬영한 것이다. 한국 천문 연구원 제공 사진.

빛의 보강 및 상쇄, 간섭 원리에 따라 높은 해상도의 이미지를 얻을 수 있다.

손봉원 박사는 "과제 책임자(principal investigator, PI)가 2019년 4월에 블랙홀 이미지 공개를 원했다. 프로젝트에 대한 주목도를 높이기 위해서다. 블랙홀 이미지에 대한 반향이 커 EHT 연구를 이어 가는 데 도움이 될 것으로 봤다. 특히 2019년은 국제 천문 연맹(International Astronomical Union, IAU) 창설 100주년이고, 아인슈타인 일반 상대성 원리가 증명된 지 100년째 되는 해다."라고 말했다.

EHT은 M87 블랙홀은 물론이고 우리 은하 중심의 거대 질량 블랙홀을 정밀 관측하는 것이 기본 목표다. 우리 은하 중심 블랙홀의 이미지도 머지않아 공개한다. 향후 블랙홀 제트(jet, 밀집 천체의 회전축을 따라 방출되는 물질의 흐름을 말한다.)와 주변 환경을 이해하기 위한 관측에 들어갈 예정이다.

손봉원 박사는 전파 망원경을 사용해 거대 질량 블랙홀, 그중에서도 활동성 은하핵(active galactic nucleus, AGN)을 연구한다. 그는 특히 블랙홀 제트에 관심이 있다. 블랙홀 제트는 우주 미스터리다. 제트는 천체가 에너지를 양방향으로 강력하게 뿜어내는 현상이다. 블랙홀과 중성자별 등에서 제트가 나온다고 알려져 있다.

"거대 질량 블랙홀이 은하 중심에 있다. 블랙홀이 뿜어내는 제트는 호스에서 나오는 물과 비슷하다. 호스 끝을 누르면 나오는 물이 한 방향으로 세게 뿜어져 나온다. 블랙홀 제트도 그런 방식으로 블랙홀에서 나와 그 블랙홀이 속해 있는 은하의 끝까지 뻗어 나간다. 은하 끝은 물론이고, 은하가 속해 있는 더 큰 구조인 은하단까지 뻗어 나가기도 한다." 블랙홀 제트를 가까이에서 볼 수 있다면 장관이겠다는 생각이 들었다.

손봉원 박사는 "그러나 우리는 제트가 무엇으로 이루어져 있는지 정확히 모른다. 제트의 물리학을 인류는 이해하지 못하고 있다."라고 말했다. 제트에서 나오는 빛은 싱크로트론 복사(synchrotron radiation)다. 싱크로트론 복사는 자기장 주변을 전자가 빛에 가까운 속도로 돌 때 나오는 빛이다. 이 전자들의 출처를 둘러싸고 학계에는 두 가지 가설이 있다. 하나는 전자와 양전자 쌍이 동시에 만들어지면서 나온 전자라는 가설이고, 또 하나는 원자가 깨지면서 원자핵에서 분리된 전자라는 가설이다. 학계 주류는 양전자와 함께 생겼으나 사라지지 않은 전자일 가능성이 더 크다고 본다. 손봉원 박사는 "어떤 모형이 맞는지 모른다. EHT의 M87 블랙홀 관측에서는 원자가 깨지면서 원자핵과 분리된 전자로 보는 싱크로트론 복사 모형으로 해석했다."라고 말했다.

블랙홀은 물질을 끌어들이는 한편 막대한 에너지를 방출한다. 블랙홀로 유입된 물질의 50퍼센트는 방출되고 50퍼센트는 블랙홀 안으로 떨어진다고 학계 다수는 믿고 있다. 운석을 예로 들면 운석이 지구에 떨어질 때 질량의 일부만이 지표에 도착하고, 나머지는 대기와 마찰로 불에 타 날아간다. 초대형 블랙홀이 빨아들이는 물질도 같은 원리다. 빨려 들어가는 물질은 서로 마찰을 일으켜 빛을 낸다. 이 때문에 에너지의 상당 부분은 블랙홀 밖으로 되돌아가며 그 나머

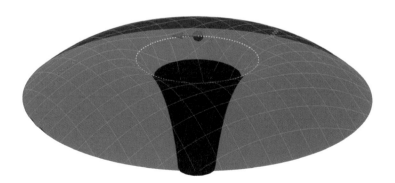

싱크로트론 복사의 개념도. 싱크로트론 복사는 광속에 가까운 속도로 움직이는 하전 입자가 자기장 속에서 원운동을 할 때 방출되는 빛이다. 블랙홀의 제트나 강착 원반에서 싱크로트론 복사가 방출된다. 위키피디아에서.

지가 블랙홀로 들어간다.

"초대형 블랙홀을 향해 사방에서 물질이 떨어지는 게 아니다. 토성처럼 주변에 띠를 만들고 띠를 중심으로 물질을 잡아당긴다. 이 띠를 강착 원반이라고 한다. 마찰로 인해 온도가 엄청나게 높아지고 결국 원자가 깨져 전자와 이온으로 분리된다. 분리된 전자들이 블랙홀 주위를 도니 전류가 생기고, 전류가 생기면 자기장도 생긴다. 자기장이 블랙홀 강착 원반에 수직 방향으로 튜브나 제트 노즐과 같은 걸 만든다. 수없이 많은 전자가 모였다가 열려 있는 튜브 쪽으로 방출된다. 이때 일부 블랙홀은 양쪽으로 제트를 뿜어낸다."

모든 거대 질량 블랙홀이 제트를 만드는 것은 아니다. 은하 중심의 거대 질량 블랙홀은 삶의 어떤 시기에는 제트를 내는 활동성 은하핵이었다. 손봉원 박사는 "블랙홀이 언제 제트를 만들고 언제 그렇지 않은지 명확한 답을 갖고 있지 않다. 하지만 힌트는 하나 있다."라고 말했다. 강력한 제트는 타원 은하 중심의 블랙홀에서만 나오고 나선 은하 중심의 블랙홀에서는 나오지 않는다. EHT가 관측한 M87은 타원 은하 중심에 있는 블랙홀이다.

타원 은하 중심의 거대 질량 블랙홀만이 제트를 뿜어내는 이유는 무엇일까? 거대 타원 은하는 은하들이 계속 합쳐져서 만들어졌다. 은하가 합쳐질 때 은하 중심의 거대 질량 블랙홀도 병합된다. 블랙홀 2개가 합쳐지면 새로운 블랙홀의 회전 속도, 즉 자전 속도가 빨라진다. 두 블랙홀의 공전 속도, 즉 각운동량이 합해졌기 때문이다.

블랙홀의 회전, 즉 자전은 제트의 또 다른 에너지원이다. 블랙홀이 광속에 가깝게 회전하면 블랙홀의 사건 지평선에 닿은 자기장이 회전하면서 강력한 모터가 된다. 제트의 싱크로트론 복사를 일으키는 에너지가 더 늘어난다. 그래서 타원 은하 중심에 있는 거대 질량 블랙홀에서 제트가 나오는 게 아닐까 생각한다. M87 블랙홀은 광속에 가까운 빠른 속도로 회전하고 있다. 회전하면서 많은 에너지를 얻으며 제트의 싱크로트론 복사량이 크게 증가할 것으로 예상된다. 손봉원 박사는 "M87의 경우 제트 에너지 총량 기여도에서 블랙홀 회전이 강착 원반보다 훨씬 중요하게 보인다."라고 말했다. 블랙홀의 자전이 제트의 세기, 밝기를 설명하는 데 더 기여한다는 설명이다.

편광 관측은 물질 유입량을 확인할 수 있는 방법이다. 편광은 특정 방향으로만 진동하며 나아가는 빛(전자기파)을 말한다. 2019년 여름 M87에 대한 편광 분석을 하고, 2017년에 수행한 편광 관측 결과는 분석 중이다. 이 작업이 끝나면 강착 원반 회전이 아닌 블랙홀 회전에서 제트가 에너지의 대부분을 얻었다는 것을 검증할 수 있다. 이런 제트를 만들어 내는 메커니즘을 알아내는 게 연구단 차원의 큰 질문이다. (EHT는 2021년 3월 M87 은하 중심의 블랙홀 편광 이미지를 공개했다.)

"EHT는 사진 촬영으로 블랙홀이 존재한다는 것은 보여 줬다. 하지만 제트와 연결된 부분은 보여 주지 못했다. 향후 관측에서는 관측을 개선, 블랙홀 그림자와 거기서 연결되어 나오는 제트 영상을 만들어야 한다. 블랙홀 상호 작용의 상당 부분은 제트를 통해 이루어진다. 은하와 은하단과의 상호 작용을 이해하는 데 도움이 될 것이다."

2019년에 공개된 EHT 관측에서는 블랙홀 인근에서 나오는 제트가 싹 빠진 이미지만 얻었다. 멀리 있는 전파 망원경만을 연결해서 이미지를 얻은 탓이다. 멀리 떨어진 전파 망원경을 연결하면 이미지 해상도는 좋다. 하지만 블랙홀보다 큰 구조, 즉 제트의 선명한 이미지는 얻을 수 없다. 제트 이미지를 촬영하려면 서로 가까이 있는 전파 망원경들을 동원해야 한다.

"소리 듣기에 비유하자면 이번에 동원된 멀리 떨어진 전파 망원경이 고음을 잘 듣는다고 할 수 있다. 반면 가까이 있는 전파 망원경을 연결하면 저음을 잘 들을 수 있다. 한국과 일본이 공동 구축한 전파 망원경 네트워크인 한일 VLBI 공동 관측망(한국의 KVN, 일본의 VERA Array)이 있다. 이걸 동원하면 저음을 잘 들을 수 있다. 블랙홀 제트의 영상을 얻는 데 도움이 된다. 2020년에는 한국에 있는 망원경들도 관측에 참여하게 된다. 제트를 보는 데 도움이 될 것이다."

손봉원 박사의 연구실이 있는 건물 같은 층에는 한국 우주 전파 관측망(Korean VLBI Network, KVN) 운영 센터가 있다. 한국 내의 연세 대학교, 울산 대학교, 제주도 탐라 대학교 3곳에 있는 전파 망원경을 연결한 네트워크다. 한국과 일본 전파 망원경 연결망인 KaVA는 일본 오가사와라 등 4곳에 있는 전파 망원경을 더해 총 7기의 망원경으로 구성돼 있다. 한국과 일본의 망원경 네트워크는 향후 중국도 참여한 동아시아 전파 관측 네트워크(East-Asian VLBI Network, EAVN)로 확대될 예정이다.

블랙홀 그림자를 찍는 게 본(本) 관측이고, 저음을 듣는 저주파 관측은 다(多)파장 관측의 일부다. 한국 팀은 EHT 프로젝트의 일환으로 저주파 관측도 했다. 본 관측은 블랙홀을 230기가헤르츠로 찍었고, 저주파 관측은 본 관측의 10분의 1 정도 낮은 주파수인 22~43기가헤르츠로 했다. 한국 팀은 지난 수년간 한국의 전파 망원경들로 저주파수 관측을 해서 M87에서 제트가 뿜어져 나오는 영상을 만들고 있다. 제트가 도는 모습도 같이 관측했다.

손봉원 박사 팀은 이 과정에서 발견한 게 있다. "블랙홀 제트는 블랙홀을 떠나 일정 지점에 가면 광속보다 빠른 초광속 운동을 한다. 실제로 그렇지는 않으나 겉보기에 그렇다. 문제는 어느 시점부터 제트가 초광속 운동을 하는지다. 처음부터 가속 운동을 계속해서 초광속 운동을 하는지, 특정 위치에서 초광속 운동을 하는지 논란이었다. 우리는 관측을 통해 처음부터 가속을 해서 초광속 운동을 하게 된다는 걸 명확히 규명했다."

손봉원 박사는 연세 대학교 천문 우주학과 87학번이다. 1996년 독일 본에 있는 본 대학교에서 박사 공부를 시작, 2002년 박사 학위를 받았다. 이후 같은 도시에 있는 막스 플랑크 전파 천문학 연구소에서 박사 후 연구원으로 일했다. 본에는 2개의 막스 플랑크 연구소가 있는데 그중 하나가 전파 천문학 연구소이고, 다른 하나는 수학 연구소다. 그는 2004년 한국 천문 연구원에 들어갔다. 한국 천문 연구원이 전파 망원경 네트워크인 한국 우주 전파 관측망 구축을 준비하고 있던 시기였다.

손봉원 박사는 "개인적으로 혹은 우리 팀이 기여할 수 있는 게 있다. 이는 한국이 가진 전파 망원경이 독특한 성능을 갖고 있기에 가능하다."라고 말했다. 보통 전파 망원경은 하나의 주파수로만 관측한다. 한국은 여러 주파수를 동시에 관측할 수 있는 기술을 세계 최초로 개발했다. 한 번에 들어온 빛을 쪼개 여러 주파수로 수신해 관측하는 기술이다. 2011년 한석태 박사가 개발한 다주파수 동시 관측 시스템이다. 어두운 신호를 높은 주파수에서 잘 보이게 해 줄 뿐만 아니라, 여러 주파수에서 관측한 천체의 상대 위치를 정확히 측정할 수 있게 해 준다. 천체의 정확한 위치를 확인하는 데 도움이 되는 기술이다.

손봉원 박사는 연구자로서 앞으로 계속해서 파고들고 싶은 일이 있다. 병합 중인 거대 질량 블랙홀 쌍을 찾아내기 위해 준비를 하고 있다. "거대 질량 블랙홀은 다른 블랙홀과 연이어 합쳐지면서 자라났을 것으로 추정된다. 병합의 흔적을 가진 은하들을 볼 수 있다. 은하 중심의 블랙홀 쌍이 병합하는 환경에 가까워지면 블랙홀 제트가 구불구불해질 수 있다. 블랙홀 쌍이 빠르게 공전하기 때문이다. 한국이 가진 전파 망원경 장비가 초대형 블랙홀의 병합 장면을 찾는 것에 최적화된 시스템이다. 다만 블랙홀 질량이 워낙 크기 때문에 빠르게 공전하지 않아 그 움직임을 찾는 건 시간이 오래 걸릴 것이다."

그가 병합 장면을 찾는 이유는 무엇일까? 지금까지 거대 질량 블랙홀 병합은 인류가 보지 못했다. 그런 일이 일어난다는 것을 실증하는 게 연구의 중요한 이정표다. 블랙홀 그림자 촬영이 의미 있는 것도 블랙홀이 있다는 증거이기 때문이다. M87 관측에서도 추가 관측을 통해 강착 원반과 제트 간의 상관 관계 등 많은 지식을 얻게 된다. 블랙홀 주변에서 만들어진 제트는 은하는 물론 은하보다 큰 구조인 은하단의 진화에 지대한 영향을 준다. 거대 질량 블랙홀 병합 장면을 실제로 관측하면 블랙홀과 은하, 은하단 진화에 대한 이해를 크게 진전시킬 수 있을 것이다.

이날 손봉원 박사로부터 들은 이야기는 생생하게 살아 꿈틀거리는 천문학이었다. 천문학자가 연구의 최전선에서 무엇을 하는지를 들을 수 있었다. 그의 설명은 친절했다.

7장　거대 질량 블랙홀과 은하 진화

우종학

서울 대학교 물리 천문학부 교수

우종학 서울 대학교 물리 천문학부 교수는 블랙홀 연구자다. 블랙홀 중에서도 질량이 무거운 거대 질량 블랙홀을 연구해 왔다. 블랙홀 연구는 양자 블랙홀(quantum black hole) 천체 물리 블랙홀(astrophysical black hole)로 나눌 수 있다. 양자 블랙홀은 스티븐 호킹(Stephen Hawking)과 레너드 서스킨드(Leonard Susskind)과 같은 물리학자가 연구했다. 이 분류에 따르면 김석 서울 대학교 교수가 양자 블랙홀 연구자다. 극미(極微) 양자 세계의 중력 현상을 설명하려는 게 양자 블랙홀 연구자의 목표다.

우종학 교수가 다루는 블랙홀은 천체 물리 블랙홀이다. 천체 물리 블랙홀 연구자는 블랙홀을 관찰하고 블랙홀 운동을 보면서 다양한 물리 현상을 연구한다. 이 블랙홀에는 두 종류가 있다. 별 블랙홀과 거대 질량 블랙홀이다. 별 블랙홀은 초신성에서 만들어진다. 질량이 아주 무거운 별이 죽으면서 우주를 흔드는 요란한 폭발을 하는 게 초신성이다. 초신성의 껍질은 떨어져 나가고, 별의 중심 부분은 블랙홀이 된다. 이게 별 블랙홀이다. 중력파 검출기 LIGO는 블랙홀 2개가 충돌하는 사건을 관측했는데, 이때 부딪치는 블랙홀들이 별 블랙홀이다.

거대 질량 블랙홀은 태양 질량의 100만~100억 배에 달한다. 거대 질량 블랙홀은 은하의 중심마다 있다. 학계 관심사는 거대 질량 블랙홀이 어떻게 만들어졌는지와, 138억 년 우주 역사에서 블랙홀이 우주 진화에 어떤 영향을 주었는지 알아내는 것이다.

우종학 교수는 "천문학 분야의 패러다임 변화가 빠르다. 교과서 쓰기가 힘들 정도다."라고 말했다. 은하 중심에 거대한 블랙홀이 있다는 것은 지금은 상식이다. 하지만 우종학 교수가 학부생일 때만 해도 상황이 달랐다. 그는 연세 대학교 89학번이다. 학부 때만 해도 천문학자들은 블랙홀이 은하의 중심에 있는지 없는지 알지 못했다. 미국 예일 대학교에서 박사 과정을 밟고 있을 때 거대 질량 블랙홀이 은하들의 중심에 있다는 게 정설이 되었다. "그때도 많은 학자가 특별한 은하 중심에만 블랙홀이 있다고 생각했다. 멕 유리(Meg Urry) 지도 교수도 그렇게 말했다. 당시 확인된 은하 중심 블랙홀은 30개 정도였다. 2009년쯤에 연구가 확장되면서 100여 개 은하 중심에 모두 거대 질량 블랙홀이 있는 것으로 드러났다."

거대 질량 블랙홀의 기원은 우종학 교수가 매달려 온 이슈 중 하나다. 두 가지 시나리오가 있다. 가벼운 씨앗 모형과 무거운 씨앗 모형이다. 가벼운 씨앗 모형이 천문학계에 먼저 나왔다. 별 블랙홀이 우주의 수소 기체들을 집어삼켜 몸무게를 키웠다는 가설이다. 작은 천체를

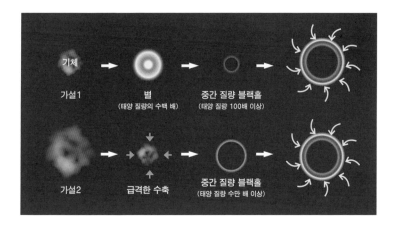

거대 질량 블랙홀의 기원에 관해서는 크게 두 가지 가설이 있다. 가벼운 씨앗 모형과 무거운 씨앗 모형이다. 가벼운 씨앗 모형은 태양 질량의 수십 배 되는 별 블랙홀에서 시작됐을 것으로 보는 반면, 무거운 씨앗 모형은 우주 초기에 태양 질량의 수만 배 이상 되는 블랙홀이 몸집을 키웠을 것으로 추정한다.

계속 잡아먹으면서 큰 블랙홀이 되었다고 본다. 그러나 초기 우주에서 태양 질량 몇십억 배인 거대 질량 블랙홀이 발견되면서 가벼운 씨앗 모형이 흔들렸다. 우주 나이가 10억 년도 안 됐는데, 어떻게 그렇게 질량이 큰 블랙홀이 있을 수 있느냐는 비판에 부딪혔다. 블랙홀은 식욕이 좋아 무한정 몸집을 키울 수 있다. 하지만 식사 속도에는 한계가 있어 급속도로 키울 수는 없다.

대안으로 무거운 씨앗 모형이 나왔다. 무거운 씨앗 모형은 초기 우주에서 거대한 기체 구름이 중력으로 압축돼 중간 크기 질량의 블랙홀이 먼저 생겼다고 말한다. 중간 질량 블랙홀이 몸집을 키우면서 현재와 같은 거대 질량 블랙홀이 만들어졌다. 이 가설의 어려움은 씨앗

7장 거대 질량 블랙홀과 은하 진화

이 되는 중간 질량 블랙홀이 쉽게 보이지 않는다는 점이다. 중간 질량 블랙홀은 태양 질량의 1,000배에서 10만 배 규모다. 거대 질량 블랙홀보다는 100~1,000배 정도 가볍고, 별 블랙홀보다는 10~10만 배 무겁다. 중간 질량 블랙홀의 존재는 천문학계의 오랜 논란 중 하나다. 우종학 교수는 중간 질량 블랙홀 연구를 해 왔다. 그는 "학계가 놀랄 성과를 내놓을 예정"이라고 했다. 제미니 천문대 관측 시설을 이용해 연구했다. 학술지 측으로부터 논문이 곧 실린다는 연락을 받았다.

우종학 교수는 블랙홀 질량을 재는 방법으로 빛의 메아리 효과를 사용했다. 예컨대 태양 질량을 알기 위해서는 지구 공전 속도와 태양과 지구 사이의 거리를 알면 된다. 블랙홀 질량을 확인하는 방법도 이와 같다. 블랙홀 주변을 도는 물체에 전기를 띤 기체가 있다. 이 기체의 회전 속도는 초속 수천 킬로미터. 회전 속도를 알았으니, 블랙홀 질량을 알기 위해 필요한 나머지 정보는 기체 영역에서 블랙홀까지의 거리다. '빛의 메아리 효과(light echo effect)'는 이때 사용한다. 대규모 관측 시설이 필요한 연구인데, 삼성의 지원을 받아 지난 4년간 연구했다.

거대 질량 블랙홀 연구의 두 번째 이슈는 거대 질량 블랙홀이 은하 진화에 어떤 영향을 미쳤는가다. 그는 "은하와 블랙홀이 상호 영향을 주고받으며 어떻게 우주 역사를 써 왔느냐 하는 연구 분야는 2000년대 패러다임이 변한 결과다."라고 말했다.

2000년에 두 연구 그룹이 각각 쓴 논문이 나왔다. 미국 텍사스 대학교 오스틴 캠퍼스의 칼 겝하트(Karl Gebhardt)와 여성 천문학자 로라

페라레세(Laura Ferrarese)가 거대 질량 블랙홀의 질량이 해당 은하 질량의 약 1,000분의 1이라는 결과를 내놓았다. 은하와 그 중심에 있는 블랙홀의 질량비는 왜 이렇게 일정할까? 학계가 깜짝 놀랐다.

많은 이론가가 1,000분의 1 질량비를 설명하기 위해 도전했다. 관련 논문이 1,000편 이상 나왔다. 시선은 블랙홀이 내뿜는 막대한 에너지에 모였다. 블랙홀은 인근 천체를 삼키는데 이때 천체 질량의 90퍼센트는 블랙홀 안으로 들어가나 나머지 10퍼센트는 밖으로 나간다. 10퍼센트라고 하지만 에너지의 양이 막대하다. 아인슈타인의 질량 에너지 등가 법칙($E=mc^2$)에 따라 환산해 보면 엄청난 양의 물질이 배출되는 셈이다.

우종학 교수는 "블랙홀은 핵융합 반응보다 효율이 뛰어나다. 수소를 모아 헬륨으로 바꿀 때 일어나는 핵융합 반응의 효율은 0.7퍼센트다. 핵융합 반응에 들어간 물질의 극히 적은 양만 핵융합 에너지로 바뀐다. 이에 반해 블랙홀의 에너지 효율은 10퍼센트다. 이 정도면 블랙홀이 그 블랙홀을 품고 있는 은하를 한순간에 모두 날려 버릴 수 있는 규모다."라고 말했다. 은하를 묶어 두는 중력 에너지 크기보다 블랙홀에서 나오는 에너지가 훨씬 크기 때문이다. 학자들은 블랙홀 에너지가 은하에 뭔가 영향을 줄 것이라 생각하고, 지난 20년간 그 증거를 열심히 찾았다.

블랙홀이 천체를 삼키고(feeding), 역으로 블랙홀은 은하에 무언가를 되먹인다(feedback). 천체 물리학자들이 찾으려는 게 바로 이 되먹임 효과의 증거다. 가령 별을 더 만들지 못하는 죽은 은하가 있다. 우리 은하와 같은 나선형 은하에서는 많은 별이 새로 태어나나, 타원 은하라고 불리는 은하에서는 별이 태어나지 않는다. 별을 만들어 내지 못하는 이유는, 은하 중심의 거대 질량 블랙홀이 내뿜는 에너지가 별을 만드는 은하 내부의 기체를 뜨겁게 만들었기 때문일 수 있다. 혹은 은하 내부에 있던 기체를 은하계 밖으로 밀어냈기 때문일 수도 있다. "20년간 찾아봤으나 거대 질량 블랙홀의 되먹임 관련 강력한 직접 증거를 찾지 못했다. 별도 잘 태어나고, 은하들 내에 기체도 많다. 그래서 패러다임 자체에 뭔가 문제가 있는 것 아니냐 하는 생각을 하고 있다."

우종학 교수가 펴낸 『블랙홀 교향곡』(2009년)은 블랙홀 크기를 자세히 설명하고 있다. 태양계보다 조금 더 큰 공간에 수백만 개 태양을 압축해 넣은 것이 우리 은하 중심의 거대 질량 블랙홀이다. 놀라웠다. 우종학 교수는 "블랙홀 만들기는 간단하다. 지구를 알사탕 크기로 찌부러뜨리면 된다."라고 말한다. 물론 지구를 알사탕 크기로 압축하는 일은 쉽지 않다. 하지만 할 수 있다면 1센티미터 크기가 된 지구는 그 상태에서 가만히 있지 않는다. 표면의 중력이 너무 강해서 중심으로 계속 무너진다. 결국 블랙홀이 되어 점으로 바뀐다.

블랙홀이 질량은 있는데 점이 된다는 게 잘 상상이 가지 않았다. 우 교수에 따르면, 블랙홀은 크기는 0이고 질량은 갖는다. 이것은 물질의 밀도가 무한대라는 뜻이다. 물리학에서 말하는 특이점이 바로 이것이다. 블랙홀은 중력이 강해서 그 근처에 접근하면 빛도 탈출할 수 없다. 중력이 잡아당겨 빛조차 블랙홀 밖으로 나가지 못한다. 그래서 블랙홀은 검게 보인다. 빛이 빠져나가지 못하는 이 지점을 사건 지평선(event horizon)이라고 한다.

우종학 교수는 석사까지는 연세 대학교에서 공부했다. 은하를 공부하고 싶어 예일 대학교로 유학을 갔다. 칠레에 막 건설된 지름 10미터의 거대 광학 망원경을 사용하고 싶었다. 은하 형성 기원을 연구하는 교수를 보고 예일 대학교를 택했다. 예일 대학교는 칠레 국립 대학교와 공동 프로젝트를 진행해 제미니 망원경, 마젤란 망원경과 같은 거대 광학 망원경을 사용할 수 있었다. 그런데 박사 과정 2년 차, 한창 연구를 열심히 하고 있을 때, 지도 교수가 다른 학교로 떠났다. 유학 시절 겪은 최대 위기였다.

이때 여신이 나타나 그를 구원했다. 천문학과가 아니고 물리학과에 온 맥 유리 교수였다. 그녀는 NASA의 우주 망원경을 제어하고 데이터를 관리하는 우주 망원경 과학 연구소의 천체 물리학자이자 블랙홀 연구자였다. 우종학 교수는 새로운 지도 교수를 만나 은하에서 블랙홀로 연구 분야를 바꿨다.

블랙홀은 그에게는 낯선 분야였다. 유리 교수는 우종학 교수에게 첫 번째 연구 과제를 줬다. "블랙홀 질량 측정법이 새로 나왔다. 그걸로 블랙홀 질량과 블랙홀이 내는 에너지 사이의 관계를 알아봐라."

우종학 당시 박사 과정 학생은 234개 블랙홀 데이터를 갖고 연구했다. 간접적인 방법으로 질량이 측정된 블랙홀 자료를 모두 모았다. 블랙홀에서 나오는 에너지가 그 블랙홀의 질량과 어떤 관련이 있느냐를 알아보는 것이었다. 지도 교수가 준 첫 번째 일인 만큼 열심히 했다. 연구 결과가 지도 교수의 예측과 달랐다. 교수는 블랙홀 질량과 블랙홀에서 나오는 에너지가 일정한 상관 관계를 보일 것이라고 예상했으나, 우종학의 연구 결과에서는 상관 관계가 매끄럽게 나오지 않았다. 교수와 제자는 연구 결과를 놓고 갑론을박했다. 결국 유리 교수가 제자의 연구 결과를 받아들였고,「활동성 은하핵의 블랙홀 질량과 광도 관계(Active galactic nucleus black hole masses and bolometric luminosities)」라는 논문을《천체 물리학 저널》에 보냈다. 2002년이었다.

"논문이 실린 뒤 맥 유리 교수가 내게 말했다. '축하한다. 열심히 해 줘서 고맙다.' 교수의 이 말을 듣고 놀랐다." 이 논문은 그가 지금까지 쓴 논문 중에서 가장 많이 인용되었다. 우종학 교수는 "학회에서 사람을 만나면 '당신이 Woo와 Urry의 그 Woo냐?'라며 지금도 물어오는 경우가 있다."라고 말했다.

우종학 교수는 예일 대학교 박사 과정 때 칠레를 자주 갔다. 한번 가면 1주일 넘게 있었다. 그곳에서 마젤란, 제미니 등 여러 광학 망원경을 이용해 관측했다. 8미터급 대형 망원경 관측 시간은 돈으로 사기도 어렵지만, 비용도 많이 든다. 사용 협약을 맺은 기관도 하루 10만 달러, 한국 돈으로 1억 원 넘는 비용을 치른다. 그는 남반구에서만 보이는 마젤란 은하를 이곳에서 처음 봤다. 세계 일주 항해를 처음으로 한 16세기 초 포르투갈 탐험가 페르디난드 마젤란(Ferdinand Magellan)을 따라 지어진 은하 이름이다. 칠레 산티아고 대학교에서 열린 야외 파티에 참석했을 때 본 남반구 밤하늘의 보름달은 잊을 수 없다. 칠레 술인 피스코를 마시며 올려다본 달이 뭔가 이상했다. 익숙한 모습이 아니었다. 위아래가 거꾸로였다. 피스코를 많이 마셨나 싶었지만, 남반구에서는 북반구에서 본 것과 위아래가 뒤집혀 보인다는 것을 깨달았다. 우종학 교수는 남반구에서는 해도 아침에 동에서 떠서 남쪽으로 가지 않고, 북쪽을 거쳐 서쪽으로 넘어간다고 했다. 해가 낮에 남쪽 하늘이 아니라, 북쪽 하늘에 뜬다니! 이국적인 얘기였다. 미국 내 천문대 중에서는 당시 미국 본토의 최대 구경 망원경이 있던 애리조나 주 키트 피크 국립 천문대를 이용했다. 그는 "한국 사람 중에 대형 망원경을 가장 많이 사용하겠다는 낭만적인 목표도 있었다."라고 말했다.

예일 대학교에서 2005년 박사 학위를 받고 캘리포니아로 갔다. 캘리포니아 대학교 샌타바버라 캠퍼스에서 박사 후 연구원으로 일했다. 하와이에 있는 지름 10미터 급 광학 망원경인 켁 망원경(Keck Telescope)을 사용해 연구를 하기 위해서였다. 캘리포니아 대학교 소속 연구자는 손쉽게 이 망원경을 사용할 수 있었다. 켁 천문대는 하와이 빅아일랜드 내 4,145미터 높이의 마우나케아 섬 정상에 있다.

캘리포니아 대학교 샌타바버라 캠퍼스에서 블랙홀과 은하의 공동 진화 과정을 연구했다. 은하와 그 은하 중심에 있는 거대 질량 블랙홀의 질량비가 1,000 대 1이라고 알려져 있었는데 과거에도 질량비가 1,000 대 1이었을까 아닐까 하는 게 연구의 초점이었다. 그는 40억 년 전의 블랙홀들을 관측했다. 40억 광년 떨어진 은하를 보고 그 중심의 블랙홀과의 질량비를 알아내면 됐다. 예상할 수 있는 질량비 시나리오는 세 가지다. 1,000 대 1인 경우, 그보다 작은 경우, 그보다 큰 경

7장 거대 질량 블랙홀과 은하 진화

우다. 예컨대 질량비가 1,000 대 1보다 커서 100 대 1이라면, 블랙홀이 과거에는 은하에 비해 상대 질량이 컸다는 이야기가 된다. 그렇다면 블랙홀 질량이 은하보다 먼저 커졌고, 은하는 나중에 커졌다는 설명이 가능하다. 질량비가 1만 대 1이라면, 반대의 경우다. 은하가 먼저 커졌고, 블랙홀이 나중에 무거워졌다.

2005년 측정 결과, 질량비가 1,000 대 1보다 컸다. 즉 블랙홀이 은하보다 상대 질량이 컸다는 것으로, 블랙홀이 은하보다 먼저 커졌다는 것을 의미했다. 이 연구는 로저 블랜드포드(Roger Blandford) 교수와 같이했다. 블랜드포드 교수는 블랙홀 연구의 대가다. 2019년 4월 EHT(6장에서 언급한 사건 지평선 망원경)에 의한 최초의 블랙홀 그림자 촬영도 그의 연구에 기반한다. 우종학 당시 박사 후 연구원은 2006년 후속 연구에서 60억 년 전 은하를 대상으로 조사했는데 결과는 마찬가지였다.

그는 2008년 허블 펠로가 되었다. 허블 펠로십은 NASA가 젊은 천문학자에게 주는 명예로운 연구비 지원 제도다. 이후 그는 캘리포니아 대학교 로스앤젤레스 캠퍼스로 옮겨 연구했다. 2009년 9월 서울 대학교 교수로 귀국했다. 칼 세이건(Carl Sagan)의 책 『코스모스(Cosmos)』 번역자로 알려진 홍승수 교수의 후임이었다. 우종학 교수는 "당시 한국에는 거대 질량 블랙홀 연구자가 없었다."라고 말했다. 서울 대학교 교수가 된 이후 블랙홀 은하 공동 진화 연구와 더불어 앞에서 말한 '활동성 은하핵 되먹임 검증' 연구를 새롭게 시작했다. 그리고 블랙홀 질량을 직간접적으로 알아낼 수 있는 방법을 찾고, 그에 따라 질량을 측정했다. 중간 질량의 블랙홀 관련 연구도 이 연장선에 있다.

지금도 그는 NASA의 허블 우주 망원경을 사용해 연구한다. 한국에 있는 연구자가 허블 망원경을 사용한다는 것은 극히 힘들다고 했다. 자외선으로 블랙홀 질량을 측정하기 위한 연구다. 예일 대학교에 다니던 때 블랙홀 이야기를 일반인에게 하고 싶어 펴낸 책이 『블랙홀 교향곡』이다. 이 책은 『우종학 교수의 블랙홀 강의』(2019년)라는 제목으로 새로 나왔다.

8장 행성의 요람에서 유기 분자를 발견하다

이정은

경희 대학교 우주 과학과 교수

이정은 경희 대학교 우주 과학과 교수는 별 탄생과 행성 생성을 연구한다. 경희 대학교 국제 캠퍼스의 연구실로 찾아갔더니 2주간의 칠레 출장에서 막 돌아왔다고 했다. KBS 과학 다큐멘터리 촬영이 출장 목적이었다. 칠레 북쪽 끝 내륙의 아타카마 사막에는 세계 최대의 전파 망원경 간섭계(interferometer)가 설치돼 있다. 간섭계 이름은 아타카마 대형 밀리미터 전파 간섭계로, ALMA(Atacama Large Millimeter Array)라고 부른다. 다큐멘터리는 ALMA를 이용한 이정은 교수의 연구를 소개한다.

이정은 교수 연구실 벽 한쪽에 ALMA 사진이 붙어 있다. 흰색의 접시형 안테나들, 익숙하다. 이정은 교수는 "ALMA는 내게는 각별하다."라고 말했다. ALMA는 해발 5,000미터 고지대에 있다. 칠레 북단의, 볼리비아와 국경이 맞닿은 쪽에 있다. 2013년부터 전면 가동되었고, 전파 망원경 66대로 구성돼 있다. 간섭계는 뭘까? 낯선 용어다.

천문학자는 전파 망원경 여러 대를 묶어 하나의 망원경처럼 사용해 우주를 관측하는 데 쓰는 이 같은 시스템을 간섭계라고 한다.

"현대의 많은 기초 연구는 거대한 기술이 있어야 가능하다. 그걸 보여 주자는 취지로 방송사 팀과 ALMA 사이트를 방문했다. 남반구에서 가장 유명한 광학 천문대인 제미니 천문대와 체로 톨로로 범미 천문대(Cerro Tololo Inter-American Observatory, CTIO)에도 갔다. 방문 기간 중 개기 일식이 있었다. CTIO에서 2017년 노벨 물리학상 수상자인 킵손 교수를 만났다. 천문학을 별 보기라고 잘못 생각하는 사람이 있다. 아니다. 천문학은 수학, 물리학, 화학이 결합한 학문이다."

이정은 교수가 노트북 컴퓨터를 열고 ALMA가 분해능이 얼마나 뛰어난 전파 망원경인가를 보여 줬다. 2014년 촬영한 HL 타우(HL Tau, 황소자리 HL별)라는 태아별 이미지다. 이정은 교수는 "HL 타우의 이미지를 처음 보았을 때 시뮬레이션 이미지인 줄 알았다. 원시 별 주위를 돌고 있는 원반이 보이는데 실제 모습이라고 생각하기에는 너무 선명했다."라고 말했다.

태아별 HL 타우는 황소자리에 있다. 지구에서 456광년 거리다. 이 정도 거리는, ALMA 전파 망원경들을 최대 16킬로미터 분산시켜 놓고 찍을 경우, 사진 분해능이 0.1천문단위(AU)가 나온다. 1AU는 지구와 태양 거리이니, 이보다 10배나 작은 크기 물체를 또렷하게 촬영할 수 있다는 이야기다. 놀라운 성능이다. 이 때문에 ALMA 사용 시간을 얻기 위해 천문학자들이 경쟁하고 있다. 이정은 교수는 그간의 연구 실적이 있어 ALMA 사용 시간을 따내는 데 성공했다.

HL 타우의 원시 행성계 원반. 검은색 고리는 원시 행성이 별 주위를 돌고 있는 궤도를 나타낸다. ALMA 제공 사진.

ALMA가 찍은 HL 타우 사진을 보면 중심의 원시별이 환하고, 그 주변에는 나이테와 같은 검은색 고리들이 있다. 이 고리들 부분이 원시 행성계 원반이다. 나중에 행성이 될 원시 행성이 태아별 주위를 돌고 있다. 검은색 고리가 보이는 이유는 원시 행성이 공전하면서 궤도에 있는 물질을 싹 빨아들였기 때문이다. 검은 공간에는 물질이 없고, 검지 않고 흰색으로 보이는 부분에는 물질이 있다.

ALMA를 이용해 이정은 교수는 2건의 특히 주목받는 연구 성과

8장 행성의 요람에서 유기 분자를 발견하다

를 내놨다. 2019년 2월에는 태어나고 있는 원시별의 행성 원반에서 유기 분자를 검출했다는 논문을 발표했다. 메탄올과 같은 유기 분자는 생명을 만드는 필수 재료다. 원시 행성계 원반에서 유기 분자를 검출했다는 것은, 행성을 빚는 재료에 유기 분자가 들어 있다는 이야기다. 지구에서 생명이 존재하게 된 이유와 닿아 있는 발견이다. 생명이 탄생하는 것을 가능케 한 유기 분자가 어디에서 왔느냐는 생명의 탄생과 관련한 '빅 퀘스천(big question)'이다. 이정은 교수가 발견한 유기 분자는 메탄올 등 모두 5종이었다. 원시 행성에서 유기 분자를 검출했다는 논문 내용을 당시 많은 나라 언론이 보도했다.

ALMA를 이용한 다른 주목받는 연구는 2017년 7월에 내놓았다. 질량이 아주 작은 쌍둥이별, 그중에서도 이란성 쌍둥이별의 탄생 순간을 포착했다. 우주에는 쌍둥이별이 많은데, 질량이 가벼운데도 중력으로 서로 묶여 있는 경우가 있다. 가볍더라도 가까이 있으면 쌍성계를 형성한다. 그러나 질량이 아주 가볍고 두 별이 멀리 떨어져 있음에도 중력으로 묶여 있는 경우가 있다. 이 경우, 원래 따로 태어났으나 나중에 중력으로 두 별이 묶였다고 생각했다. 이 교수는 그게 아니라 이들이 이란성 쌍둥이라고 봤고, 두 별이 각각의 성간 분자 구름에서 태어났다는 증거 사진을 제시했다.

천문학자가 별 탄생 순간을 보기 시작한 지는 얼마 되지 않았다. 1980년대 이전에는 별 탄생 이론은 있었지만, 직접 증명할 도리는 없었다. 별들 사이에 있는 기체, 즉 성간 물질(interstellar medium)이 뭉쳐서 별이 될 것이라는 이론은 있었다. 하지만 별이 만들어지는 중간 상태에 있는 원시별을 확인한 적은 없었다. 태어나고 있는 원시별은 짙은 성간 물질에 둘러싸여 있다. 성간 물질을 뚫고 빛이 밖으로 나오기가 힘들다. 때문에 지구에 있는 천문학자가 원시별을 관측하기가 쉽지 않다. 다만 적외선은 파장이 길어 성간 물질 사이를 빠져나오기에, 적외선을 이용하면 원시별을 관측할 수 있다.

이정은 교수는 미국 텍사스 대학교 오스틴 캠퍼스 천문학과에서 박사 공부를 했고, 이때 적외선 망원경으로 원시별 탄생을 연구했다. 당시 NASA가 스피처 우주 망원경(Spitzer Space Telescope)이라는 적외선 망원경을 지구 궤도에 띄웠는데, 지도 교수인 닐 애번스(Neal Evans) 교수가 스피처 우주 망원경 프로젝트에서 매우 중요한 역할을 했다. 이정은 당시 박사 과정 학생은 지도 교수가 참여한 프로젝트 관련 연구를 했다. 닐 애번스 교수 이야기를 하면서, 이정은 교수는 연구실 책상 위에 있던 작은 액자를 갖고 왔다. 애번스 교수가 언젠가 한국에 왔을 때 같이 찍은 사진이었다. "참 좋으신 분이다."라고 말했다.

이정은 교수는 서울 대학교 지구 과학 교육과 91학번이다. 그는 사범 대학교 출신이어서 그런지, 교육에 남다른 관심이 있다고 했다. 이정은 교수는 "한국 내 대학교에서 우리 은하 내 별 탄생을 연구하는 천문학자는 나 혼자다."라고 말했다. 다른 연구자는 모두 한국 천문 연구원에 있다. 별 탄생 연구자가 많은 줄 알았으나 그렇지 않았다. 별 탄생을 이해하려면 성간 구름의 수축부터 봐야 한다.

성간 물질은 우리 은하 중심에도 많다. 가령, 지구의 남반구에 가면 은하수, 즉 우리 은하 중심이 북반구보다 잘 보인다. 이정은 교수는 "칠레 아타카마 사막에서 은하수를 보면 너무 아름답다."라고 했다. 우리 은하 중심의 원반 사진을 보면 별이 빛나는 부분이 있고, 검게 보이는 부분이 있다. 이 검은 부분이 성간 물질이 들어찬 지역이다. 다시 말하면, 은하는 별과 성간 물질로 구성되어 있다. 성간 물질은 대부분 온도가 매우 낮아 가시광선으로 보이지 않는다. 전파 망원경으로 봐야 한다.

성간 물질은 기체와 먼지로 이루어져 있다. 질량 기준으로는 기체가 99퍼센트, 먼지는 1퍼센트다. 기체의 75퍼센트는 수소다. 성간 물질은 밀도가 낮다. 그런데도 부피가 어마어마해 천문학자의 시야를 가린다. 눈을 가리는 물질은 성간 물질 중에서도 먼지다.

이정은 교수가 오리온자리의 성간 물질을 찍은 사진을 보여 줬다. 그가 보여 주는 이미지를 보니, 오리온 장군의 어깨에 있는 베텔게우스가 선명하다. 베텔게우스는 태양보다 엄청나게 큰 별이다. 유명한 적색 거성이다. 일본 애니메이션 「은하 철도 999」 한국어판에서 메텔과 철이가 타고 있는 열차의 목적지가 베텔게우스라고 알려져 있다. 베텔게우스의 오리온자리 내 반대편, 즉 오리온 장군의 무릎 위치에 있는 별은 리겔이다. 리겔은 표면 온도가 1만 3000도인 청색 거성이다. (온도는 절대 온도 단위다.) 푸른 빛을 내는 별이 더 뜨겁고, 붉은빛을 내는 별은 덜 뜨겁다. 베텔게우스의 표면 온도는 3,600도이니, 리겔이 베텔게우스보다 4배 더 뜨겁다. 베텔게우스와 리겔의 사이에는 오리온 장군의 허리띠를 이루는 삼태성이 있는데, 그 아래로 칼집을 이루는 별들 중간에 붉은빛의 성간 물질이 가득하다.

"까만색 부분은 차가운 물질로 채워져 있다. 차가운 물질은 뜨거운 물질보다 잘 뭉친다. 차가운 물질들이 엄청나게 뭉치면 자체 질량으로 중력 수축 현상이 일어나며, 그와 같은 과정을 거쳐 원시별이 태어난다. 물질이 원시별로 떨어지면 중력 에너지가 열에너지로 바뀐다. 열에너지로 인해 태어나는 원시별은 약한 빛을 낸다. 이때는 핵융합 반응이 일어나지 않는다. 질량이 더 커져서 태양의 8퍼센트가 되면 핵융합이 시작된다."

이 교수는 성간 물질이 중력 붕괴하거나 함몰(collapse)해서 원시별이 태어나는 동역학을 많이 연구했다. "성간 물질도 난류(turbulence)와 같이 움직인다고 추정된다. 성간 물질의 난류가 어떻게 별이라는 덩어리를 만들어 내느냐는 천문학의 큰 이슈다."

이정은 교수가 학자의 길에 들어선 뒤 한 첫 주요 연구는 성간 분자 구름이 별을 만들기 위해 어떻게 붕괴하는가다. 그는 서울 대학교 천문학과에서 석사 공부를 했다. 미국 텍사스 대학교 오스틴 캠퍼스에 공부하러 간 것은 2000년이다. 부군인 서기원 서울 대학교 지구과학 교육과 교수와 함께 오스틴에서 공부했다. 박사 과정에 들어가 첫 번째 내놓은 2003년 논문이 별이 태어날 성간 구름의 동역학 구조 연구다.

이정은 교수는 "나는 전파 망원경으로 연구를 시작했다. 서울 대학교 구본철 교수님 연구실과 텍사스 오스틴 연구실에서도 초기에는 전파 망원경으로 스펙트럼을 관측했다. 전파 망원경에 장착된 분광기는 빛 스펙트럼 분해 능력이 뛰어나다."라고 말했다. 성간 구름,

아니 성간 분자 구름에서 별이 태어난다. 이정은 교수에 따르면 성간 분자 구름의 대부분은 수소 분자다. 다음으로 많은 것은 일산화탄소다. 수소 분자가 1만 개 있다면 일산화탄소 분자는 1개 정도가 있다.

성간 분자 구름이 뭉쳐 별이 된다. 분자들이 별이 될 지점으로 떨어진다. 수소와 일산화탄소가 빠른 속도로 움직인다. 이것을 분광기 스펙트럼으로 본다. 수소 분자가 아니고 일산화탄소의 스펙트럼을 본다. 수소 분자는 같은 수소 원자 2개로 이뤄져 있다. 때문에 수소 분자는 회전하면서 빛을 방출하지 않는다. 반면 일산화탄소 분자는 탄소와 산소라는 서로 다른 원자 2개로 구성되어 있다. 낮은 온도에서도 독특한 스펙트럼을 내놓는다. 그래서 일산화탄소를 이용하면 성간 분자 구름 전체의 함몰 속도를 알 수 있다. 그리고 관측된 스펙트럼 세기를 보면 일산화탄소의 총량도 확인할 수 있다. 일산화탄소량을 알아내면 수소 분자량도 확인할 수 있다. 수소 분자와 일산화탄소가 우주에 1만 대 1로 존재한다는 것을 알고 있기 때문이다. 결국 그 원시별의 질량을 알 수 있고, 그 원시별이 얼마나 큰 별로 자라나고 있는지 확인 가능하다.

성간 분자 구름은 아주 차갑다. 절대 온도 10켈빈쯤이다. 섭씨 -270도쯤 된다. 이 차가운 우주에 기체 분자와 먼지가 있다. 이정은 교수는 "먼지 티끌을 드라이아이스라고 생각하면 된다. 드라이아이스가 주위에 있으면 어떻게 될까? 기체 분자가 드라이아이스 표면에 달라붙을 것이다. 성간 분자 구름에 있는 수소 분자나 일산화탄소도 마찬가지다."라고 말했다.

이정은 교수는 일산화탄소가 내놓는 스펙트럼을 관측했다. 일산화탄소 분자 하나하나는 별이 태어나고 있는 중심부로 떨어진다. 그러면 분자의 이동 속도가 갈수록 빨라지고, 적색 이동 현상을 보인다. 지구 관측자에서 멀어지는 방향으로 빠른 속도로 움직이는 일산화탄소 분자는 원래의 스펙트럼 자리에서 보이지 않고, 원래보다 붉은 쪽으로 스펙트럼이 옮겨 가 있는 것으로 관측된다. 그리고 태어나고 있는 별의 중심부로 갈수록 일산화탄소 분자의 적색 이동 값은 크게 나온다. 가장 높은 값을 확인하면 그곳이 태어나고 있는 별의 중심부라고 볼 수 있다. 종전의 천문학자는 그렇게 보았다. 그러나 이정은 교수는 "그렇지 않다."라고 말했다.

"태어나고 있는 별의 중심부에 가면 일산화탄소 분자가 먼지 티끌에 다 붙어 버린다. 태어나고 있는 별의 중심부로 갈수록 온도는 차갑고 밀도는 높다. 따라서 빛 스펙트럼을 내놓지 못한다. 지구 관측자가 보기에 가장 높은 값의 적색 이동을 내놓는 지점은 별의 중심부가 아니다. 별의 중심에서 꽤 떨어져 있는 부분이다. 원시별의 바깥쪽 속도인데, 원시별 중심에서의 속도라고 그간 학자들이 잘못 해석해 왔다. 일산화탄소가, 태어나고 있는 별 주변에 어떻게 분포하고 있는지를 이해하지 못했기 때문이다. 태어나고 있는 별의 중심부에는 일산화탄소가 없을 수 있다는 것을 이정은 교수가 알아냈다. 이것이 성간 화학이다. 성간 화학을 제대로 이해하지 않으면 별 탄생의 동역학을 제대로 알 수 없다는 것을 증명했다."

2003년 논문이 별 탄생의 동역학 연구였다면, 2004년 논문은 별 탄생의 동역학 이론과 성간 화학 계산을 합해 새로운 이론 모형을 제시하는 것이었다. 태어나고 있는 별 주위의 기체 분자 분포가 시간에 따라 어떻게 변하는지를 보였다.

"물질들이 원시별 중심으로 떨어질 때, 기체 분자와 먼지 사이에 어떤 화학 반응이 일어나는지를 계산했다. 또한 관측 자료를 설명하기 위해 이론 모형을 만들었다. 별 탄생의 동역학과 성간 화학이라는 두 분야를 합함으로써 기존에 이해하지 못했던 사실을 알 수 있게 되었다. 별 주위 성간 분자 구름의 화학 구조를 다룰 수 있게 되었다. 그렇게 되면 별이 탄생하고 있는 곳의 스펙트럼이 어떻게 보일지 예측할 수 있다. 이 정도의 조건을 가진 성간 분자 구름이 중력 붕괴를 하고 있다면, 관측한 스펙트럼은 이렇게 보일 것이라고 시뮬레이션을 통해 제시할 수 있었다."

일산화탄소는 별 탄생 지점 주위에 일정하게 분포하지 않았다. 별이 만들어지기 전에는 사라지고, 만들어진 후에 다시 나타난다는 것을 알아냈다. 원시별에서 열이 나와 주위가 뜨거워지면 원시별로부터 일정 지역까지 데워지고, 드라이아이스와 같이 차가운 먼지 티끌에 붙어 있던 일산화탄소 분자가 먼지에서 떨어져 기체로 되돌아간다. 별이 만들어지는 시간대에 따라 일산화탄소 분자의 함유량이 달라지는 것을 이 교수는 알아냈다. 이 연구 덕분에 이 교수는 NASA 허블 펠로가 됐다.

이정은 교수의 강점은 이론 모형과 관측을 병합한다는 점이다. "ALMA를 비롯해 다른 많은 망원경 사용 시간을 성공적으로 받을 수 있었던 것도 예측되는 관측 결과를 시뮬레이션해서 보여 주기 때문이다. 다른 연구자가 '이렇게 될 거야.'라고 말로 푼다면, 나는 모형을 가지고 상황을 재현할 수 있다. 시뮬레이션으로 연구한 이미지나 스펙트럼을 제시하며 말할 수 있다."

이 교수는 2004년까지 큰 분자 구름을 다뤘다. 그런데 2013년 ALMA 시대가 개막되면서 원시별 안쪽의 원반까지 볼 수 있게 됐다. 천문학자들은 원시 행성 원반을 이루는 물질이 뭔지, 유기 분자를 비롯한 화학 구조는 어떤지 알고 싶어 했다. 천문학자들은 HL 타우를 비롯해 다양한 원시별을 관측했다. 그러나 행성 형성과 관련된 유기 분자 발견에 모두 실패했다. 관측이 어려웠던 이유는 HL 타우와 같은 원시별은 광도가 낮아, 원반 대부분의 영역에서 기체 분자가 차가운 먼지 티끌에 얼어붙어 있기 때문이다. 간혹《네이처》에 유기 분자를 관측하는 데 성공했다는 논문이 출판되기도 했지만 그것은 잘못 본 것이었다. 행성이 만들어지는 곳이 아니라, 원반의 바깥쪽 표면에서 관측한 것이었다.

별이 태어나기 위해서는 수소 핵융합을 일으킬 정도로 질량이 커져야 한다. 그러기 위해서는 원시별이 분자 구름으로부터 물질을 흡입해야 한다. 물질이 원시별 표면에 떨어져 충돌하면 충격파(shock wave)가 발생하고 에너지가 방출된다. 방출된 에너지는 원시별 주위를 돌고 있는 원시 행성계 원반을 데운다. 그러면 원시 행성계 원반이 두 지역으로 나뉜다. 원시별에서 가까운 부분에는 물과 일산화탄소와 같은 분자가 기체 상태로 존재하고, 멀리 떨어져 있는 부분에는 이 분자들이 얼음 상태로 존재한다. 두 지역을 구분 짓는 선을 '스노 라인(snow line)'이라고 한다. 이 부분이 흥미로웠다. 태양계 행성에 관한 많은 정보를 담고 있었다.

"눈은 잘 뭉친다. 모래는 안 뭉친다. 스노 라인 안쪽에 있는 태양계 행성이 크기가 작고, 스노 라인 바깥쪽에 있는 태양계 행성이 큰 이유가 이 때문이다. 태양에서부터 가까운 수성, 금성, 지구, 화성은 모래로 만든 암석형 행성이다. 크기가 작다. 태양에서 멀리 떨어져 있는, 그래서 물 분자가 얼어 있는 지역에 있는 목성과 토성은 크기가 크다. 눈과 모래 알갱이를 뭉쳐 만든 큰 중심핵을 갖고 있는 이들을 기체형 행성이라고 한다. 암석형 행성과 기체형 행성 사이에 소행성대가 있다. 소행성대가 태양계에서는 스노 라인에 해당한다고 보면 된다."

천문학자는 HL 타우와 같이 원시별의 스노 라인이 별에 너무 다가가 있어 원시 행성 원반의 물질을 알아내는 데 어려움을 겪었다. HL 타우의 경우 스노 라인이 불과 몇 AU밖에 되지 않았다.

이정은 교수가 착안한 것은 폭발하고 있는 별이다. 원시별은 몸집을 키울 때 물질을 끌어들인다. 종전에 알고 있던 것과는 달리 별은 간헐적인 폭식과 장기간의 단식을 반복하는 것으로 드러났다. 폭식 기간은 100년, 단식 기간은 수천 년에서 수만 년일 수도 있다. 이정은 교수는 폭식 중인 별을 찾았다. 폭식 중인 별에서는 스노 라인이 확대되기 때문이다. 원시별 중심에 가까운 스노 라인 안쪽에서는 먼지에 얼어붙어 있던 기체 분자가 떨어져 나간다. 때문에 스펙트럼으로

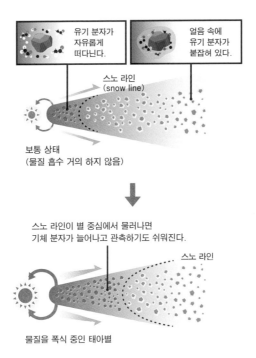

유기 분자가
자유롭게
떠다닌다.

얼음 속에
유기 분자가
붙잡혀 있다.

스노 라인
(snow line)

보통 상태
(물질 흡수 거의 하지 않음)

스노 라인이 별 중심에서 물러나면
기체 분자가 늘어나고 관측하기도 쉬워진다.

스노 라인

물질을 폭식 중인 태아별

태아별의 스노 라인 변화에 따라 유기 물질을 검출하는 개념도. 스노 라인 안쪽에서 만들어지는
행성은 크기가 작고, 바깥에 있는 행성은 크기가 크다.

관측할 수 있다. 이정은 교수는 인내심을 가지고 기다리다 ALMA를
통해 오리온자리 V883(V883 Orionis) 별을 관측했다. 이 별은 폭식 기간
이어서 스노 라인이 별의 중심에서 밀려나 있었고, 행성 원반을 관측
한 결과 유기 분자 5종이 있다는 걸 확실하게 확인했다.

이정은 교수는 대학교 2학년 때 별 탄생을 공부하기로 마음먹었
다. 우리가 별에서 왔다는 것, 별이 태어나고 죽는 과정이 있었기에

내가 여기 있구나를 깨달은 순간이었다. 그는 "천문학은 배고픈 학문이라는 잘못된 인식이 한국 사회에 있다. 사실이 아니다. 좋아하는 것을 연구하면서 행복하게 살 수 있다."라고 말했다. 나중에 이정은 교수의 KBS 다큐멘터리를 보았다. 1시간짜리 다큐멘터리는 온통 이정은 교수의 연구를 조명했다. 멋진 여성 천문학자였다.

3부

새로운 눈으로
우주를 보다

KASI

SAAO SSO CTIO

9장 제2의 지구, KMTNet으로 찾는다

정선주
한국 천문 연구원 변광 천체 그룹 연구원

한국 천문 연구원 정선주 박사는 제2의 지구를 찾는 천체 물리학자다. 지구형 행성을 찾는 일은 언젠가 인류가 지구를 떠날 때를 대비해서, 또 외계 행성에 생명체가 있는지 알기 위해서 필요하다. 한국 천문 연구원 내 이원철 홀 3층에서 정선주 박사를 만났다. 회의실에 들어가니 한쪽 벽면에 대형 모니터들이 이어 붙어 있고, 모니터 화면 위쪽에 "외계 행성 탐색 시스템(KMTNet)"이라고 쓰여 있다.

KMTNet(Korea Microlensing Telescope Network)은 미시 중력 렌즈(microlensing) 방식을 사용하는 한국형 망원경 네트워크의 줄임말로, 똑같이 생긴 망원경 3대로 구성돼 있다. 외계 행성은 태양계에 속한 행성이 아니라, 다른 별을 도는 행성을 가리킨다. KMTNet 모니터 화면 하나하나에는 똑같이 생긴 천문대 3곳의 모습이 보인다. 실시간 영상이다.

KMTNet은 남아프리카 공화국, 오스트레일리아, 칠레에 관측소가 있다. 하루 24시간 동안 관측소 3곳이 돌아가며 외계 행성을 찾고 있다. 정선주 박사가 가리키는 화면을 보니, 남아공은 오전 4시 28분, 오스트레일리아는 낮 12시 28분, 칠레는 밤 11시 28분이다. 한국 천문 연구원이 2009년 300억 원을 들여 건설에 들어가 2015년부터 가동을 시작한 시설들이다. 동일한 망원경 셋으로 별을 24시간 관측하는 건 KMTNet이 세계 처음이다. 정선주 박사는 "지금은 칠레에서 별

KMTNet은 한국 외계 행성 탐색 시스템을 일컫는다. 지름 1.6미터 광시야 망원경이 칠레, 남아프리카공화국, 오스트레일리아 등 3개 국가 관측소에 설치돼 있다. 한국 천문 연구원 제공 사진.

을 관측한다. 몇 시간 후 칠레가 아침이 되면 오스트레일리아가 이어받아 관측한다. 또 오스트레일리아에 아침에 찾아오면 남아공에서 하늘을 관측한다."라고 말했다.

한국 천문 연구원은 하늘을 관측하는 망원경 종류에 따라 조직에 다른 이름을 붙인다. 광학 망원경으로 관측하는 곳은 광학 천문 본부, 전파 망원경으로 연구하는 곳은 전파 천문 본부다. 정선주 박사는 광학 천문 본부 소속이다. 그중에서도 변광(變光) 천체 그룹에서 일한다. 변광은 별의 밝기가 변하는 것을 말한다. 정선주 박사는 변광 천체 그룹이 수행하는 두 가지 과제 중 하나인 변광 현상을 이용한 별과 외계 행성 탐색 연구 과제의 책임자다. 그를 만난 것은 2019년이다.

외계 행성 찾기는 최근 천문학계의 큰 흐름이다. 2019년 노벨 물리학상은 외계 행성을 처음으로 발견한 스위스 제네바 대학교의 두 천문학자에게 돌아갔다. 디디에 쿠엘로(Didier Queloz)와 그의 스승 미셸 마요르(Michel Mayor)는 1995년 첫 번째 외계 행성인 페가수스자리 51b(51 Pegasi b, 디미디엄(Dimidium) 또는 벨레로폰(Bellerophon)이라는 이름을 가지고 있다.)를 발견한 공적을 인정받았다. 프랑스 파리 천문대가 운영하는 외계 행성 사이트(Exoplanet.eu)에 따르면 2021년 11월 16일까지 발견된 외계 행성은 4,870개다.

한국 천문 연구원이 KMTNet 사업 추진을 위해 만든 151쪽 분량의 책자 「2008 외계 행성 탐색 시스템 개발 기획 연구 보고서」가 있다. 보고서에는 "1990년대가 외계 행성의 존재를 입증하는 시대였다면,

21세기는 본격적으로 외계 행성과 외계 생명체를 연구하는 천문학의 새로운 시대가 될 것이다."라고 써 있다.

정선주 박사는 외계 행성을 미시 중력 렌즈 방식으로 찾는다. KMTNet이란 이름에 미시 중력 렌즈라는 표현이 있다. 미시 중력 렌즈에 대한 한국 천문 연구원의 의지를 읽을 수 있었다.

정선주 박사는 충북 대학교 물리학과 95학번이다. 2008년 「미시 중력 렌즈 현상을 이용한 외계 행성 탐색(Searching for extrasolar planets using gravitational microlensing)」이라는 논문으로 박사 학위를 받았다. 정선주 박사는 2009년 박사 후 연구원으로 한국 천문 연구원과 인연을 맺었고, 2012년 정직원이 되었다. KMTNet 내 중력 렌즈 연구자는 모두 5명이고, 정선주 박사가 선임이었다.

중력 렌즈(gravitational lense) 현상은 들어 봤으나, 미시 중력 렌즈는 낯설다. 중력 렌즈는 먼 곳의 별이나 은하에서 출발한 빛이 지구의 관측자를 향해 오다가 다른 천체와 만날 경우 천체의 중력에 따라 빛이 휘어지는 현상을 가리킨다. 하나의 빛이지만 관측자가 보기에는 여러 개로 갈라지거나 일그러지고 밝기도 변한다. 빛이 지나가는 경로에 있는 천체의 질량이 시공간을 뒤틀기 때문에 빛이 휘어져 온다. 이 빛을 잘 분석하면 중력 렌즈 역할을 한 천체의 질량을 측정할 수 있다. 중력 렌즈 효과는 일반 상대성 이론을 발견한 물리학자 알베르트 아인슈타인이 예측한 바 있다.

정선주 박사는 "중력 렌즈는 은하와 같이 거대한 천체가 일으키는 효과이다. 반면 미시 중력 렌즈는 별이나 행성처럼 질량이 작은 천체

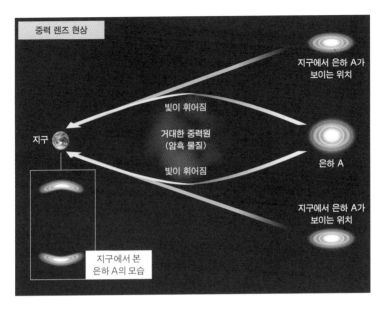

중력 렌즈 현상은 관측자와 관측 대상 사이에 있는 무거운 질량을 가진 천체로 인해 빛이 휘어져서 오는 현상을 말한다. 빛이 휘어지는 것이 마치 렌즈를 통과하는 것과 비슷하다고 하여 렌즈가 붙었다. 미시 중력 렌즈는 별에 의해 렌즈 효과가 나타나는 것이다.

가 일으키는 현상이다."라고 말했다. 빛을 내뿜는 별과 관측자 사이에 중력 렌즈로 작동하는 다른 별이 진입하고 있다고 가정해 보자. 이때 렌즈 역할을 하는 별의 밝기와 모양이, 행성을 가지고 있을 때와 행성을 가지고 있지 않을 때 서로 다르다.

정선주 박사는 벽면의 모니터 화면을 가리키며 이렇게 설명했다. "행성이 없을 때는 별의 광도(光度) 곡선은 가우스 곡선과 같이 대칭적인 모양이다. 그런데 행성이 있으면 대칭적인 광도 곡선에 불규칙성이 나타난다. 이 같은 밝기 변화는 행성이 있다는 신호다." 정선주 박사가 가리키는 광도 곡선은 종 모양이었다. 행성 신호라는 부분에 높은 선이 짧고 날카롭게 튀어나와 있다.

정선주 박사는 외계 행성 관측법으로 네 가지를 설명했다. 직접 관측, 시선 속도(radial velocity), 횡단(transit), 미시 중력 렌즈다. 직접 관측은 말 그대로 망원경으로 행성을 직접 본다. 다른 세 방법은 간접적으로 행성을 관측한다. 행성은 스스로 빛을 내지 않아 관측이 어렵지만, 행성을 가진 별을 잘 관측하면 힌트를 얻을 수 있다.

시선 속도 측정법은 1990년대 중반 외계 행성 탐사가 시작된 이후 초기 10년간 많은 성과를 올렸다. 태양은 미미하지만 행성들의 중력을 받아, 질량 중심이 태양 중심에서 약간 밖으로 이동해 있다. 다른 별도 마찬가지다. 이로 인해 행성이 있는 별은 관측자가 볼 때 멀어졌다 가까워졌다 하는 운동을 반복한다. 그 도플러 효과를 통해 운동 속도를 측정한다.

다른 외계 행성 관측법은 횡단이다. 정선주 박사는 "2009년 발사된 미국의 케플러 우주 망원경(Kepler Space Telescope)이 횡단법으로 외계 행성 2,327개를 발견했다."라고 말했다. 횡단법은 행성이 별 앞을 지나갈 때를 포착하는 방법이다. 행성이 별 주변을 돈다 해도 지구의 관측자가 직접 관측하기는 쉽지 않다. 다만 행성이 별의 일부를 가리면 별 밝기가 일시적으로 약해진다. 이를 관찰하면 행성이 지나갔음을 추정할 수 있다.

미국은 케플러 망원경에 이어, 후속 외계 행성 탐색 우주 망원경인 TESS(Transiting Exoplanet Survey Satellite)를 2018년 4월에 쏘아 올렸다.

유럽도 외계 행성 탐색 전용 우주 망원경을 진작에 우주에 올려놓았다. 프랑스 우주국(Centre National d'Etudes Spatiales, CNES)과 유럽 우주국(European Space Agency, ESA)이 2006년에 쏘아 올린 COROT(COnvection ROtation et Transits planétaires)이 그것이다.

한국은 지구 궤도나 우주에 망원경을 쏘아 올리지 못했기 때문에 지상에서만 관측한다. 저비용, 고효율의 지상 관측 시스템을 갖춰 지구형 외계 행성을 발견하는 것이 KMTNet의 목표다. KMTNet은 우리 은하 중심을 집중적으로 관측한다. 우리 은하의 팽대부에는 수많은 별이 모여 있기 때문이다. 별이 많아야 미시 중력 렌즈 방식으로 행성 신호를 잡아낼 확률이 높아진다.

미시 중력 렌즈 현상을 이용한 외계 행성 발견 가능성은 다른 방법에 비해 작다. 2개의 별이 관측자가 보기에 시선 방향으로 일치해야 미시 중력 렌즈 현상을 관측할 수 있기 때문이다. 현재 관측 기술로는 별 1000만 개를 봐야 행성 신호 1개 정도를 잡을 수 있다. 때문에 넓게 촬영해야 한다. 그리고 같은 곳을 자주 찍어야 한다.

정선주 박사는 "행성 질량이 가벼울수록 중력 렌즈 효과에 의한 행성 신호가 나타나는 시간이 짧다. 행성 신호 지속 시간이 목성형 행성은 2~3일이고, 지구형 행성은 1~2시간밖에 지속되지 않는다. 그러므로 작은 질량의 행성 검출을 위해서는 같은 별을 잦은 빈도로 촬영해야 한다."라고 말했다.

KMTNet은 광시야 렌즈를 갖고 있어 한꺼번에 넓은 지역을 관측, 촬영할 수 있다. KMTNet은 15분에 한 번씩 우리 은하 중심의 네 구역을 돌아가며 관측한다. 미시 중력 렌즈 방식이 은하를 넓게 들여다보고 있어, 우리 은하 전체에 위치한 행성의 분포를 연구할 수 있는 유일한 방법이다.

시선 속도 방식과 횡단 관측 방식에 비해 미시 중력 렌즈 방식은 별에서 멀리 떨어져 있는 행성을 찾는 데 좋다. 태양계로 말하면 태양에 가까운 금성, 수성보다는 지구, 화성, 목성을 찾기에 유리하다. "횡단 방식은 모성(母星)에 가까이 위치해 있어 공전 주기가 짧은 별을 찾는 데 좋다. 별 앞을 지나는 모습을 자주 관측할 수 있기 때문이다. 반면 미시 중력 렌즈 방식으로 찾고 있는 별은 주기가 길다."

정선주 박사 사무실은 인터뷰를 한 회의실 옆에 있었다. 사무실 책상 위에 대형 컴퓨터 모니터 2대가 놓여 있었다. 어린 딸이 그린 그림이 책상 주변에 잔뜩 붙어 있었다. 21세기 천체 물리학자는 책상 앞에서 일하지, 천문대 망원경을 들여다보고 일하지 않았다. 20세기 중반 안드로메다 은하를 발견한 미국 천문학자 에드윈 허블이 윌슨 산 망원경을 들여다보고 연구하던 시절은 옛날 이야기다. 남반구 3곳의 KMTNet 망원경의 CCD 카메라에 저장된 별빛 데이터는 한국 천문 연구원에 있는 서버로 전송된다. 자료는 분석을 위한 측광 처리를 거쳐 한국 천문 연구원 내부 사이트에 올라온다. 그러면 연구자는 책상 위 모니터로 이 데이터를 본다.

한국 천문 연구원은 2015년 10월부터 연구를 시작했고, 2020년 2월 13일까지 외계 행성 29개를 발견했다. 한국 천문 연구원 이충욱 박사 등은 한국 사람으로는 처음으로 지구와 질량이 비슷한 외계 행성을 2017년 4월에 발견해 주목받았다. 이 행성은 지구 질량의 1.43 배이고 지구로부터 1만 3000광년 떨어져 있다.

"이 행성은 크기는 지구와 비슷하나, 돌고 있는 별이 너무 작다. 태양 질량의 7.8퍼센트밖에 되지 않는다. 때문에 행성의 표면 온도가 차갑다. 태양계 외곽의 명왕성보다 낮다. 생명체가 살 가능성이 작아 보인다."

정선주 박사는 연구원에 출근하면 KMTNet이나 OGLE(Optical Gravitational Lensing Experiment)가 보내오는 '사건' 리스트들을 살펴보는 게 일과다. OGLE는 폴란드 바르샤바 대학교가 주도하는 천문학 프로그램으로 미소 중력 사건도 본다. 이 리스트들에는 세 가지 사건이 표시된다. 행성 사건, 갈색 왜성 사건, 쌍성 사건이다. 정선주 박사는 "솔직히 갈색 왜성을 많이 발견하고 있다. 행성 주위를 도는 외계 달(exo-moon)로 추정되는 사건도 있다. 곧 논문으로 출판될 예정이다." 라고 말했다. 그는 연구자로서 "우리 은하의 행성 분포를 통계적으로 알고 싶다."라고 말했다.

쌍둥이 지구를 찾는 것은 우주로 나아가는 인류의 새로운 목표다. 그곳에 누군가 살고 있을까? 코스모스에는 우리밖에 없는가? 정선주 박사와 같은 행성 추적자가 그 의문에 답할 것이다.

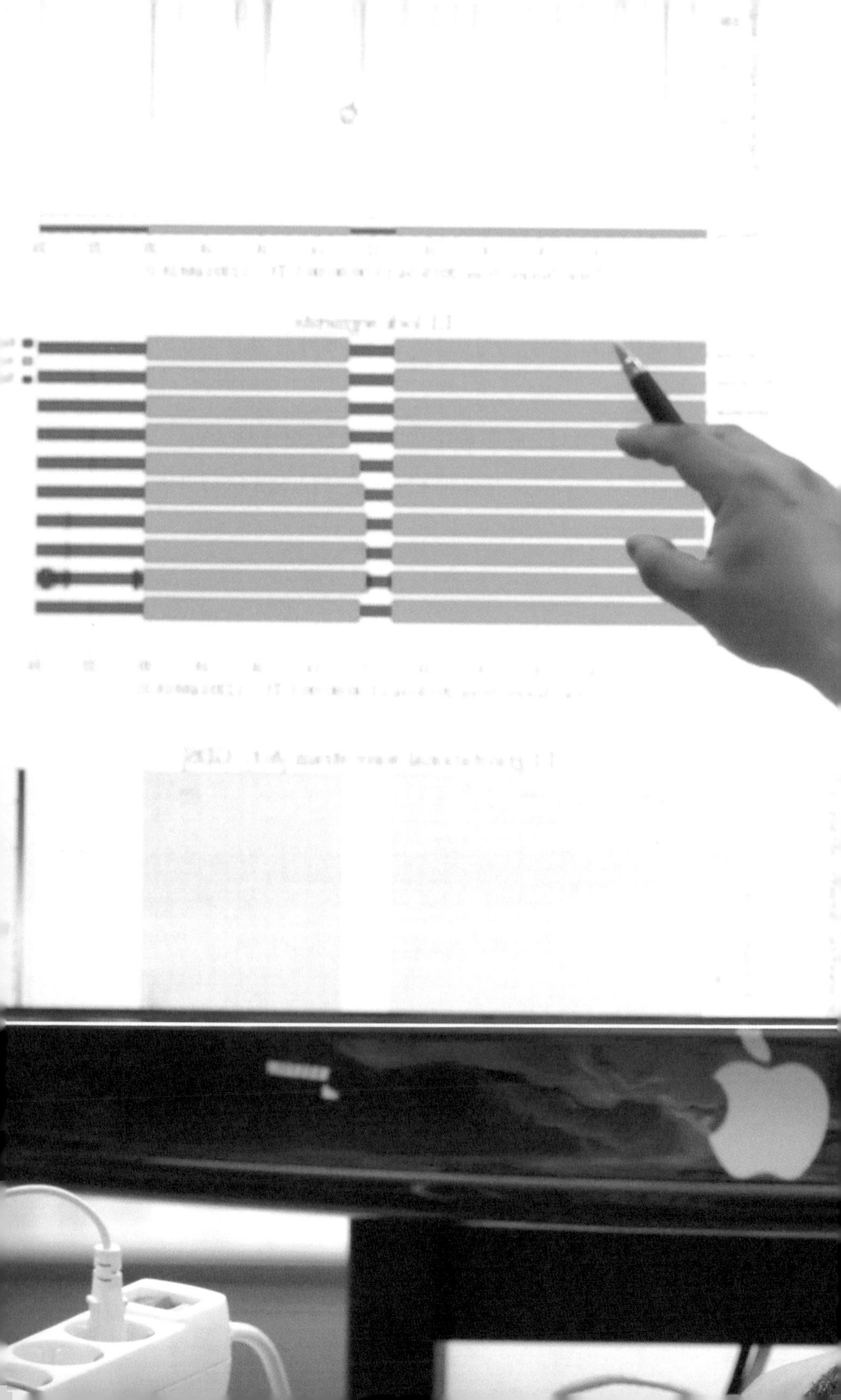

10장　중력파, 천체 물리학 역사를 새로 쓴다

오정근
국가 수리 과학 연구소 중력 응용 연구팀 연구원

국가 수리 과학 연구소 오정근 박사는 한국인에게 중력파가 무엇인지를 알리는 데 기여했다. 그는 미국 중력파 관측소인 LIGO가 중력파 검출에 성공한 직후인 2016년 2월에 『중력파, 아인슈타인의 마지막 선물』(2016년)을 펴냈다. 4년이 지난 2020년 초에 그는 『중력 쫌 아는 10대』(2020년)라는 책을 또 냈다.

　오정근 박사가 일하는 국가 수리 과학 연구소는 대덕 연구 개발 특구에 있다. 그를 만난 것은 인류가 2015년 중력파를 처음 검출하는 데 성공한 뒤 중력파 연구에 어떤 진전이 있었는지 듣기 위해서였다. 그는 한국 중력파 연구 협력단 총무 간사로 일하고 있어 한국의 중력파 연구 현황을 꿰고 있었다. 중력파는 두 블랙홀 혹은 두 중성자별이 서로 충돌할 때 나오며, 시공간을 흔드는 잔물결이다. 2015년 9월 14일 중력파가 처음 발견됐고, 2020년 3월까지 후보를 포함해 모두 66건을 관측했다.

중력파 검출기는 지구촌에 몇 곳이 있는데 가장 유명한 것은 미국의 LIGO다. LIGO는 미국 워싱턴 주 핸퍼드와 루이지애나 주 리빙스턴에 있다. 유럽 6개국은 이탈리아 피사 인근에 중력파 관측소인 VIRGO를 가지고 있고, 일본은 중력파 검출기 KAGRA(Kamioka Gravitational-wave detector)를 2020년 2월에 가동하기 시작했다. 중력파를 2015년 최초로 검출한 검출기는 LIGO다.

LIGO는 2015년 9월 12일부터 2016년 1월 19일까지 1차 가동에 들어갔다. 2차 가동은 2016년 11월 30일부터 2017년 8월 25일까지였으며, 이후 2019년 4월부터 2020년 3월까지 3차 가동을 성공적으로 마쳤다. LIGO는 ㄱ자 모양 구조로, 가로와 세로 길이가 각각 4킬로미터다. 중간에 가동을 멈출 때마다 시설을 업그레이드했다. 현재 LIGO는 원자 지름 크기의 짧은 파형도 잡아낼 수 있는 민감도를 가지고 있다.

오정근 박사는 중력파 검출이 물리학에 안겨 준 두 가지 성과를 소개했다. 첫 번째는 무거운 원소 합성이 중성자별 충돌에서 대대적으로 일어난다는 점을 관측한 것이고, 두 번째는 블랙홀 충돌이 그간 생각했던 것보다 우주에 훨씬 많이 일어난다는 것을 알아냈다는 점이다. 이에 따라 우주 진화 시나리오를 다시 생각해 봐야 하는 것 아니냐는 주장까지 나왔다.

먼저 무거운 원소 합성 이야기. 2017년 8월 17일 두 중성자별이 충돌한 사건이 관측됐다. 이 사건은 관측 날짜에 따라 'GW170817'이라고 불린다. 오정근 박사는 "GW170817는 LIGO의 아버지들이 노벨상을 수상한 것보다 더 큰 사건이었다."라고 말했다. LIGO를 만든 물리학자인 킵 손 등 3명은 중력파를 관측에 기여한 공로로 2017년 노벨 물리학상을 받았다. 오정근 박사는 "중력파 검출기와 함께 각종 다양한 망원경이 관측했기 때문에 무거운 원소가 합성되는 것을 발견할 수 있었다. 이렇게 하나의 사건을 다양한 망원경으로 관측하는 것을 다중 신호 천문학이라고 한다."라고 설명했다. "당시 사건은 중력파 검출기를 비롯해 우주와 지상에 있는 각종 천문대도 관측했다. 이로 인해 GW170817 사건 관련 논문 저자가 무려 3,500명이나 된다. 이 숫자는 세계 천문학자의 3분의 1 규모다."

사건은 중력파 검출기가 가장 먼저 탐지했다. 그리고 1.7초 뒤에 지구 위성 궤도에 있는 페르미 감마선 우주 망원경(Fermi Gamma-ray Space Telescope, FGST)이 감마선 폭발을 확인했다. 이에 대해 오정근 박사는 "시간적으로 1.7초 차이라면 중력파와 감마선 폭발이 같은 곳에서 왔나 의심해 볼 수 있다. 그러면 파의 출처 분석에 들어간다. 은하 목록에서 파가 날아온 방향을 보니 그쪽에 은하 수백 개가 있었다. 그 중에서도 타원 은하인 NGC4993 주변이 의심스러웠다. 이 은하는 바다뱀자리에 있다."라고 설명했다.

과학자들이 은하 목록을 보고 밤하늘의 인근 지역을 두리번거리고 있을 때 NGC4993 은하 주변에서 그동안 보이지 않았던 별이 갑자기 나타났다. 중력파가 지상에 도달하고 11시간이 지났을 때였다. 갑자기 빛나기 시작한 별은 킬로노바였다. 킬로노바는 중성자별끼리 충돌할 때 나타날 것이라고 이론상 예측됐던 현상이다. 그때까지 관측된 적이 없었다. 없던 별이 나타나면 그것을 신성, 영어로는 nova라고 한다. NGC4993에서 보이는 별은 일반적인 신성보다 1,000 배 정도 밝았다. 그래서 1,000을 가리키는 단위 킬로를 써서 킬로노바라고 부르게 되었다. 이후 지상 천문대까지 모든 전자기파 망원경을 동원해 중성자별 충돌 사건을 16일간이나 관측했다. 오정근 박사는 "한 사건을 다양한 수단으로 관측하면서, 그곳에서 나온 빛 스펙트럼을 봤다. 그 결과 중성자별 충돌에서 무거운 원소가 만들어지는 걸 확인했다."라고 말했다.

57번 란탄족 원소 이상의 무거운 원소의 기원이 중성자별 충돌이라는 것을 확인했다. "가벼운 원소에 중성자를 많이 붙여야 무거운 원소가 만들어진다. 물리학자는 이 과정이 어디에서 일어날 수 있을까를 생각하다가 초신성 폭발을 떠올렸다. 그런데 초신성이 터지는 것만으로는 현재 우주에 존재하는 무거운 원소의 양을 설명할 수 없다. 충분한 양의 중성자가 만들어지지 않는다. 그래서 과학자들은 중성자별 충돌을 생각하게 되었다. 중성자별에는 중성자가 많으니 중성자별 2개가 충돌하면 중성자를 빨리 잡아 붙이는 '빠른 포획 과정(r-process)'이 일어나지 않겠느냐고 생각했다. 이번 중성자별 충돌 사건에서 그걸 확인했다."

나는 무거운 원소는 초신성이 폭발하면서 만들어지는 것으로만 알고 있었다. 교양 과학서에 그렇게 나와 있다. 오정근 박사는 "그건 과거 이론이다. 최근에는 초신성만으로는 부족하다고 한다. 그래서 중성자를 가벼운 원소에 붙이는 빠른 포획 과정이 있어야 한다고 생각했고, 이번에 중성자별 충돌에서 그걸 확인했다."라고 설명했다.

앞서 만난 부산 대학교 이창환 교수로부터 GW170817 중성자별 충돌 사건에 대해 들은 바 있다. (5장 참조) 이창환 교수는 당시 지구 질량보다 큰 분량의 순금이 만들어졌다고 이야기했다. 금은 무거운 원소다. 지상에서도 무거운 원소 합성 방법을 만드는 환경을 만들어 보려는 실험이 바로 대전에 짓고 있는 중이온 가속 실험이다. 오정근 박사는 과학계는 중성자별 충돌 사건을 매우 놀라운 일로 받아들이고 있다. 노벨상 수상보다 더 큰 이벤트라고 강조했다.

다음은 블랙홀 이야기다. 그는 "그간 LIGO가 검출한 중력파 사건을 보면 블랙홀 사건이 더 재미있다."라고 했다. 블랙홀 쌍성 충돌은 물리학자들 생각보다 많았다. 3차 가동이 끝나고 22개월 동안 시설 업그레이드를 하면 검출 기법이 또 향상되기에 블랙홀 충돌 사건을 앞으로 더 많이 찾아낼 것으로 보인다.

블랙홀 2개의 충돌이 우주에서 흔한 현상이라는 게 드러나고 있다. 블랙홀이 이렇게 흔하게 다른 천체를 잡아먹고 있다면, 거대 질량 블랙홀이 어떻게 생겨났느냐에 대한 답을 줄 수도 있다. 우리 은하의 중심에는 태양 질량의 65억 배인 블랙홀이 있는데, 이 거대한 블랙홀이 어떻게 탄생했느냐는 미스터리다. 이를 설명하는 가설은 2개 있는데, 초기 우주 블랙홀 가설과 포획설이다. 초기 우주 블랙홀 가설은 우주 초기 중력이 작용해 모인 물질들을 한 번에 흡수하고 이게 수축되어 거대한 블랙홀이 되었다는 주장이다. 초기 우주에서는 공간이 그리 크지 않았으니 물질을 빨아들이는 것이 상대적으로 쉬웠다

두 백색 왜성이 서로를 공전하다 충돌해
중력파를 생성하는 장면을 그린 상상도.
위키피디아에서.

고 본다.

두 번째 가설인 포획설은 블랙홀이 다른 천체를 잡아먹는 과정을
통해 점점 자기 질량을 키웠을 것이라는 생각이다. 지금 있는 천체
중 블랙홀이 될 것도 있지만, 질량이 가벼워 블랙홀이 되지 않은 천
체도 시간이 지나면서 주변에 있는 블랙홀에 잡아먹히게 된다. 그러
면 우주에는 블랙홀만 가득 차게 된다. 이게 우주의 궁극적인 모습일
까 하는 생각을 할 수 있다.

현재 LIGO가 찾아내는 블랙홀은 태양 질량의 100배를 넘지 않는
것들이다. 그런데 LIGO의 성능은 당초 계획한 감도에는 아직 도달하
지 못했다. LIGO 감도가 더 높아지면 더 무거운 블랙홀 쌍성계 충돌
사건도 잡아낼 수 있다. 오정근 박사는 "그래야 우리 은하 중심의 초

거대 블랙홀이 진화하는 시나리오도 어떤 게 타당한지 추정해 볼 수 있다."라고 말했다.

다중 신호 천문학에서 중요한 것은 천문대 간의 협력 체계 구축이다. "초신성 폭발과 같은 천문학 사건을 발생 직후부터 관측하는 게 천문학자들의 목표다. 초신성은 폭발 후 며칠이 지나면 빛이 잦아들기 때문에 빛을 보고 망원경을 그 방향으로 돌리면 관측이 늦다. 사건의 끝부분만 보게 된다."

천문학자들은 LIGO가 중력파를 수신하면 가능한 한 빨리 지구촌 천문대에 알람을 울리는 시스템을 구축해 놓았다. 알람에 맞춰 천문대들이 중력파가 날아온 방향으로 망원경을 돌리는 훈련을 해 왔다. 오정근 박사는 "블랙홀 쌍성 충돌 사건 때부터 연습을 시작했다. 요즘은 알람이 울린 지 1분 안에 처리하도록 설계되어 있다."라고 말했다. 이런 훈련이 있었기에 2017년 8월 17일 중성자별과 중성자별 충돌 사건을 다양한 망원경으로 관측할 수 있었다.

한국 중력파 연구 협력단은 한국 천문 연구원 원장으로 일한 이형목 전 서울대 교수가 이끌고 있다. 한국 그룹은 LIGO와 VIRGO로부터 데이터를 받아 연구하며, 일본 중력파 검출기 KAGRA와도 협력 중이다. 한국도 한때 SOGRO로 불리는 독자적인 중력파 검출기 제작을 논의했지만 포기했다. SOGRO는 LIGO와 달리 중력 변화를 직접 측정하는 중력 경사계를 이용해 중력파를 검출하는 방식이었다. 지구 표면에서는 장소에 따라 중력의 세기가 조금씩 다른데 중력 경사계는 그것을 정확히 측정할 수 있다. 에너지 기업이 석유 탐사 시 사용하는 중력 경사계는 용수철을 탄성을 가지고 질량 측정의 민감도를 알아내는 장비다. SOGRO는 용수철이 아닌 초전도 물질을 사용한, 이른바 초전도 중력 경사계다.

초전도 중력 경사계를 중력파 망원경으로 활용할 수 있겠다고 생각한 것은 미국 메릴랜드 대학교의 원로 물리학자 백호정 교수다. 백호정 교수는 1920년대생으로 1세대 중력파 검출기 연구자다. 같은 메릴랜드 대학교의 조지프 웨버(Joseph Weber)는 1960년대 알루미늄 원통으로 된 최초의 중력파 검출기를 개발했다. 두 사람은 1940년생인 킵 손보다 한 세대 위 연구자들이다. 중력 경사계를 크게 만들면 우주에서 날아오는 중력파를 확인할 수 있다는 백호정 교수의 아이디어를 이용한 것이 SOGRO다. 백호정 교수가 만든 게 1미터 크기였다면 이를 100미터 크기로 만들어 보자는 게 기본 아이디어였다.

오정근 박사는 SOGRO를 1년 정도 연구했다. SOGRO는 LIGO의 검출 능력 범위를 벗어나는 저주파 대역의 중력파를 검출할 수 있다. 그러나 한국 중력파 연구 협력단은 이 장치를 만들 수 있는 역량이 우리나라에 없다는 결론을 내릴 수밖에 없었다. 결국 한국 중력파 연구 협력단은 기초 연구 쪽으로 방향을 전환했다.

오정근 박사는 서강 대학교 물리학과 92학번이다. 서강 대학교 김원태 교수의 지도를 받아 2004년 박사 학위를 받았다. 박사 학위 논문 제목은 「반 더 시터르 블랙홀의 고전적, 양자론적 양상(Classical and quantum aspects of anti-de Sitter black hole)」이다. 박사 학위를 받은 후 2008년 4월 대전 국가 수리 과학 연구소에 들어갔고 1년쯤 지나서 LIGO 한국 중력파 연구 협력단에 합류해 10년째 중력파를 연구하고 있다. 그는 중력파 연구로 방향을 돌린 것에 대해 "조금 더 현실적인 연구를 하고 싶었다. 끈 이론의 블랙홀 연구는 세상과 동떨어진 것도 같았고, 그래서 천체 물리학적인 블랙홀을 다루고 싶었다."라고 말했다.

오정근 박사가 속한 국가 수리 과학 연구소의 중력 운영 연구팀(팀장 오상훈)은 모두 4명이다. 오정근 박사와 10년째 같이 일하고 있는 멤버들이다. 연구팀은 2013년에는 중력파를 빠르게 알아내는 신호 검출 알고리듬 개선 작업을 했다. 오스트레일리아 그룹이 만든 SPIIR 신호 검출 알고리듬을 개선해 10배 빠르게 작업을 할 수 있게 했다. 분석 속도를 향상시켜 중력파가 검출되면 다른 광학 망원경들이 빨리 관측할 수 있도록 했다. LIGO의 3차 가동에 이 개선된 알고리듬이 적용되고 있다.

2014년 연구는 인공 지능을 이용해 검출기에 들어온 신호가 잡음인지 아닌지를 확인하는 알고리듬 연구였다. 미국 칼텍, MIT, 중국 칭화 대학교, 한국 국가 수리 과학 연구소가 하나씩 과제를 맡았다. 그리고 들어온 신호가 잡음인지 아닌지 분류하는 알고리듬을 딥 러닝 (deep learning) 방식으로 연구했다. 현재 진행 중인 연구는 인공 신경망을 이용한 중력파 파형 생성인데 이 역시 중력파 검출 속도와 검출 효율을 올리기 위한 노력이다.

LIGO는 중력파 파형 은행을 갖고 있다. 블랙홀과 블랙홀 충돌 혹은 중성자별과 중성자별 충돌 조건에 따라 생성된 중력파 파형 모형을 수백만 개 가지고 있다가 중력파가 검출기에 들어오면 중력파인지 아닌지를 대조하고 즉각 판별한다. 파형을 보면 얼마나 무거운 질량의 천체들이 충돌한 사건인지도 알 수 있다. 인공 신경망을 이용하면 복잡한 파형을 더 잘 계산할 수 있게 된다. 오정근 박사가 속한 팀은 이 작업을 위해 생성적 적대 신경망(generative adversarial network, GAN) 연구도 하고 있다. 그는 "연구가 상당히 잘되고 있고, 논문 초안은 완성했다."라고 말했다.

오정근 박사는 얼마 전 10대 학생에게 중력을 소개하는 『중력을 쫌 아는 10대』라는 책을 냈다. 시중에 뉴턴과 아인슈타인의 중력 개념 차이를 제대로 설명하는 책이 없는 것 같아 쓰기 시작했다고 말했다. "한국은 중력파 검출기 개발 기술에서 선진국에 50년 뒤졌다." 반세기 뒤진 것을 다음 세대가 따라잡기 위해서는 오정근 박사와 같은 앞 세대가 후배들이 관심을 갖도록 책을 쓸 수밖에 없다는 생각이 들었다.

11장 우주 망원경, 우리 손으로 직접 만든다

정웅섭
한국 천문 연구원 우주 천문 그룹 그룹장

정웅섭 한국 천문 연구원 책임 연구원은 우주 망원경을 만드는 천문학자다. 그는 천문 연구원 내 우주 천문 그룹을 이끌며 우주 망원경 근적외선 영상 분광기인 NISS(Near-infrared Imaging Spectrometer for Star formation history)를 만들어 2018년 12월 스페이스X에 실어 지구 궤도에 올렸다. 지금은 NISS의 후속 프로젝트인 전천 적외선 영상/분광 탐사를 위한 적외선 우주 망원경 SPHEREx를 2023년 지구 궤도에 올리기 위해 힘쓰고 있다. 칼텍 그룹과 함께 NASA에 프로젝트를 제안해 2019년 2월 승인받았다. 한국 연구 기관이 포함된 그룹이 제안한 프로젝트가 NASA의 중형 프로젝트로 선정된 것은 처음이다.

우주 망원경은 미국이나 러시아, 유럽 연합과 같은 우주 선진국만 만드는 줄 알았다. 정웅섭 박사는 "NISS는 한국 천문 연구원의 세 번째 우주 망원경이다."라고 했다. 첫 번째 우주 망원경은 2003년에 발사한 원자외선 분광기 FIMS(Far-ultraviolet IMaging Spectrograph)다. 두 번째 우주 망원경은 다목적 적외선 영상 시스템 MIRIS(Multi-purpose InfraRed Imaging System)로 2013년에 발사했다. 세 번째 망원경인 NISS는 2018년 12월에 발사했다.

정웅섭 박사는 "한국이 만든 첫 우주 망원경이 '우주 관측 카메라' 정도였다면 지금은 우주 망원경에 근접했다. NISS에는 분광 기능을 넣었다."라고 말했다. 분광기는 빛을 직접 관측하는 망원경이 아니라, 스펙트럼을 보는 장치다. 한국의 우주 망원경은 한 발씩 앞으로 나아가고 있는 셈이다. 정웅섭 박사는 "우주 선진국에 비하면 뒤떨어졌지만 이렇게 역량을 축적하면 언젠가 대형 우주 망원경을 만들 수 있다."라고 말했다.

지상에서 대형 망원경을 만들어 관측하면 되지 왜 우주에 망원경을 올려 보낼까? 가령 한국 천문 연구원은 지상에서 사용하는 초대형 광학 망원경에 투자하고 있다. 주경(主鏡) 25미터급 거대 마젤란 망원경(Giant Magellan Telescope, GMT)을 남아메리카 칠레에 2020년대 중반 완공을 목표로 외국 대학 및 과학 기관들과 공동 개발하고 있다.

"천체는 여러 파장의 빛을 방출한다. 다양한 스펙트럼으로 천체를 관측해야 진짜 모습을 알아낼 수 있다. 눈에 보이지 않는 스펙트럼은 지상에서는 잘 관측되지 않는다. 지구 대기 속 수증기와 같은 물질이 방해한다. 그래서 우주에 망원경을 올려야 한다."

인류가 만든 첫 우주 망원경은 1960년대 대형 풍선에 실어 올린 형태였다. 제대로 된 위성 형태로 지구 궤도에 올린 것은 1983년 유럽과 NASA가 공동 개발한 적외선 망원경 IRAS(Infrared Astronomical

Satellite)가 처음이다. 적외선 망원경은 우주에서 날아오는 적외선을 관측하며, IRAS는 적외선 천문학에 크게 공헌했다. 이후 미국은 허블 우주 망원경을 1990년에 쏘아 올렸으며 허블 망원경은 현재도 현역이다. 그리고 미국과 유럽은 허블의 임무를 대신할 차세대 망원경인 제임스 웹 우주 망원경(James Webb Space Telescope)을 2021년 12월 25일 발사했다.

망원경은 어떤 전자기파를 관측하느냐에 따라 구분할 수 있다. 사람 눈으로 보는 것은 가시광선이지만, 빛에는 가시광선 말고도 우리 눈에 보이지 않는 부분이 많다. 그래서 다양한 전자기파를 감지하는 장치로 우주를 봐야 한다. 각 파장에 따라 우주를 관측하기 위해 감마선, 엑스선, 자외선, 가시광선, 적외선, 전파 망원경 등이 필요하다.

정웅섭 박사가 만든 우주 망원경 NISS는 적외선 망원경이다. 적외

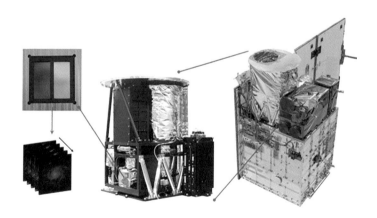

NISS는 광시야로 적외선 분광과 영상을 동시에 관측할 수 있는 세계 최초의 우주 망원경이다. 차세대 소형 위성 1호에 탑재되어 2019년 12월 미국 스페이스 X 로켓을 통해 발사됐다. 한국 천문 연구원 제공 사진.

선 망원경은 먼 우주에 있어 적색 이동이 큰 천체를 관측한다. 초기 은하, 성간 물질로 가득한 별이 태어나는 영역, 갈색 왜성과 같이 매우 차가운 별을 관측하기에 좋다. 또 적외선은 우주 먼지의 방해를 받지 않고 멀리 볼 수 있다. 야간 투시경을 쓰면 밤이라 가시광선이 없어도 사물이 보이는 것과 같은 원리다. 이런 특징 때문에 NISS는 초기 은하 생성과 은하 진화 연구에 도움이 될 적외선 우주 배경 복사를 관측한다.

NISS로 초기 은하나 별을 직접 볼 수 있는 것은 아니다. 간접적으로 관측한다. NISS는 지구 궤도를 돌며 광시야로 넓은 하늘 영역을 촬영한다. 좁고 깊게 우주를 들여다보는 허블 망원경과는 망원경 특성이 다르다. 우주를 촬영한 이미지가 있으면 그곳에서 알려진 별이나 은하와 같은 점(點)광원을 지운다. 그러면 남는 것이 있다. 아주 먼 곳에서 오는 빛이다. 이를 적외선 우주 배경 복사라고 한다. 우주 배경 복사는 초기 우주의 별 혹은 은하가 만들어 낸 공간 요동의 흔적이다. 특정 천체를 직접 관측한 것이 아니기 때문에 간접 관측이라 한다.

정웅섭 박사는 공간 요동이 얼마나 큰지, 즉 얼마나 큰 규모까지 은하가 분포하고 있는지를 NISS를 통해 연구하려 한다. 지금까지 적외선 망원경으로 1도 이하(sub-degree) 규모로 관측했다. MIRIS나 NISS로는 1도 이상 규모로 볼 수 있다. 분광 기능이 추가된 NISS로 1도 이상 규모의 공간 요동에 기여하는 은하가 무엇인지 알아보는 것이 이번 임무의 핵심이다.

정웅섭 박사에 따르면 이론과 관측이 충돌하는 점이 있다. 이론은 현재 관측되는 큰 규모의 공간 요동을 설명하지 못한다. 1도 이상 크기로 공간을 분광하여 보았을 때 적외선 파장에 따라 공간의 요동 강도가 어떻게 나오는지를 알면, 이론과 관측 차이를 줄일 수 있다.

　정웅섭 박사는 서울 대학교 천문학과 92학번이다. 서울 대학교 박사 과정 1년 차 때 적외선 천문학을 공부하기로 결심하고 일본 우주 과학 연구소(Institute of Space and Aeronautical Science, ISAS)에 갔다. ISAS의 적외선 망원경 AKARI 개발에 참여한 한국 팀으로 일했다. 정웅섭 박사는 적외선 천문학 공부를 시작한 이유에 대해 "새로운 분야를 개척하고 싶었다."라고 말했다. 적외선 천문학이란 도구를 갖고, 초기 은하의 형성과 진화를 알아내고자 한다.

　ISAS는 도쿄 서쪽 외곽의 사가미하라에 있다. ISAS는 일본 우주 과학 연구의 중심지이며, 일본의 NASA라고 할 JAXA의 산하 기관이다. 정웅섭 박사는 AKARI 개발 과정에서 자료 해석, 관측 시뮬레이션, 적외선 우주 관측 기기에 대한 실험 설계를 배웠다. 박사 과정을 포함해 박사 후 연구원 시절까지 5년 6개월을 ISAS에서 보냈다.

　한국 천문 연구원에 들어간 것은 2007년이다. 한국 천문 연구원의 두 번째 우주 망원경인 MIRIS 개발에 참여해 근적외선 광시야 영상기를 만들었다. 한국의 적외선 천문학이 여기까지 올 수 있었던 것은 일본 천문학계 도움이 컸다. 그 역시도 ISAS에서 만난 나카가와 다카오(中川貴雄) 도쿄 대학교 교수와 마쓰모토 도시오(松本敏雄) 나고야 대학교 교수에게서 배웠고, 지금도 배우고 있다. 마쓰모토 교수는 요즘도 한 달에 한 번 한국 천문 연구원을 방문한다.

한국 우주 망원경의 현주소는 선진국 적외선 우주 망원경과 주경의 크기를 비교하면 드러난다. 한국 천문 연구원이 2018년에 쏜 NISS는 15센티미터고, 일본이 그보다 13년 전인 2005년에 쏘아 올린 AKARI는 68센티미터다. ESA가 운영 중인 허셜 망원경(Herschel Space Observatory)은 3.5미터, NASA와 ESA가 같이 만든 제임스 웹 우주 망원경은 6.5미터다. 15센티미터와 6.5미터의 차이는 굉장히 크다. 약 43배 차이다.

정웅섭 박사 방에서 나와 같은 건물, 같은 층에 있는 광학 실험실에 갔다. 2012년부터 NISS를 만든 방이다. 실험실 안 테이블 위에 NISS와 똑같이 생긴 모형이 놓여 있었다. 발사를 위해 보낸 '비행 모형' 직전 단계인 '인증 모형'이다. 투명한 비닐로 막은 밀폐 공간 안에 놓여 있어 가까이 가서 볼 수는 없었다. 우주 망원경 크기는 내용물을 잔뜩 채운 백팩 정도였다. 광학 실험실에는 전선과 공구, 드라이버 세트, 커다란 공구 상자, 회로 기판, 경고가 붙은 가스통이 가득했다. 옆방에는 우주 환경 실험을 하는 대형 장비도 있었다. 천문학자가 우주 망원경을 직접 손으로 만드는 줄은 생각지도 못했다.

"기계과를 나온 연구자가 있느냐?"라고 물었더니 정웅섭 박사는 "없다. 우주 천문 그룹 연구자는 모두 천문학과 출신이다. 장비를 직접 만들어야 하기 때문에 천문학은 복합 학문이다."라고 설명했다. 12명의 팀원은 광학 전문가, 광기계 전문가, 전자 파트 전문가, 자료 해석 전문가로 구성되어 있다.

SPHEREx은 전천을 탐사하게 된다. 미국 칼텍의 제이미 복(Jamie Bock) 교수와 함께 준비했다. SPHEREx는 전 우주에 대해 영상과 분광 관측을 동시에 수행하면서 약 14억 개 천체들의 개별적인 분광 정보를 획득한다. 이를 통해 거대 우주 구조, 적외선 우주 배경 복사의 기원, 생명의 기원이 되는 우리 은하 안의 얼음 분자 탐사와 같은 주요 과학 연구를 수행할 예정이다. 그러면 한국의 우주 망원경 실력은 또 한 발 앞으로 나아갈 것이다.

12장 세계 최초 위성 4대 편대 비행에 도전한다

황정아
한국 천문 연구원 태양 우주 환경 그룹 연구원

한국 천문 연구원 황정아 박사는 스타 과학자다. 베스트셀러『랩걸』(2017년) 뒤표지 전체에 그가 쓴 추천사가 적혀 있다.『우주 날씨 이야기』(2019년),『우주 날씨를 말씀드리겠습니다』(2012년)와 같은 우주 날씨 분야의 교양 과학 서적을 썼다. 만나기 전에 검색해 보니, 대통령이 참석한 행사에서 건배사를 제의하는 모습도 유튜브에 올라와 있다.

황정아 박사는 대전으로 찾아간 나에게, "카이스트 물리학과 재학 시절인 1999년 방영했던 텔레비전 드라마「카이스트」가 있다. 드라마에서 내 캐릭터를 딴 인물이 나왔다"라고 했다. 그는 "한국 천문 연구원에서 위성을 만든다."라고 했고, 나는 그 말에 의아했다. '위성 제작은 한국 천문 연구원이 아니라 한국 항공 우주 연구원이 할 일이 아닌가?' 하는 생각이 들었다.

황정아 박사는 한국 천문 연구원 우주 과학 본부 소속이다. 천문 연구원 사이트를 확인해 보니, 그의 임무는 "우주 환경 연구 및 우주 방사선 연구, 근(近)지구 우주 환경 탑재체 개발, 지구 밴앨런대 연구 및 보현산 자력계 운영"이다. 이 많은 임무 중에서 근지구 우주 환경 탑재체 개발 임무와 SNIPE 위성에 대해 황정아 박사로부터 얘기를 들었다.

그는 "2021년 세계 최초로 위성 4대가 편대 비행을 하게 할 것이다."라고 말했고, 나는 "그게 그리 어려운 일이냐?"라는 질문했다. 황 박사는 '이런 답답한 사람을 봤나.' 하는 표정으로 다음과 같이 답했다. "우리 위성 4기를 가지고 편대 비행을 시도하겠다고 미국 지구 물리학 연합(American Geophysical Union, AGU)와 국제 천문 연맹의 한국 회의에서 발표한 적이 있다. 외국 사람들이 난리가 났다. 너무 어려운 것 아니냐고 했다. '와, 되기만 하면 좋은데. 될까?'라며 다들 의심하는 분위기였다. 하지만 우리는 할 수 있다. 자신 있다."

황정아 박사가 만드는 위성 이름은 '근지구 우주 환경 관측 위성 탑재체(Small scale magNetospheric and Ionospheric Plasma Experiment, SNIPE)'다. 한국말로 '도요샛'이라 부르기도 한다. 이 위성은 한 변이 10센티미터인 정육면체 6개를, 레고 블록 결합하듯이 묶었다. 큐브 모양 위성은 '큐브 샛(cube sat)'이라고 한다. 위성 1기 무게는 10킬로그램이 안 된다. 이런 큐브 샛 4개를 제작하고, 지구 궤도 600킬로미터 상공에 띄워 극궤도를 돌게 할 예정이다. 남극과 북극을 오가며 1년간 비행하게 된다.

황 박사는 "큐브 샛은 대형 위성과는 달리 지상국과 통신이 힘들다. 크기가 작아 신호를 잡기 힘들기 때문이다. 첫 단계인 통신도 잘

한국 천문 우주원이 개발한 SNIPE 비행 모델 4기. 영어 SNIPE는 도요새라는 뜻이 있다. 그래서 한글 이름을 작지만 높이 나는 새라는 의미로 도요샛이라고 정했다. SNIPE는 고도 500킬로미터 태양 동기 궤도를 4기가 함께 편대 비행을 하며 우주 날씨를 관측할 예정이다. 한국 천문 연구원 제공 사진.

안 되는데, 자세 제어를 잘해서 어디로 가라고 지시하는 건 매우 어렵다. 우리는 그것을 해낼 것이다."라고 말했다.

큐브 샛 4대는 적도에서는 400킬로미터, 극지에서는 50킬로미터 간격을 유지하며 비행한다. "정밀한 궤도 설계를 위해서 사전 시뮬레이션을 열심히 하고 있다. 궤도 비행 알고리듬 작업은 박상영 연세 대학교 천문 우주학과 교수가 맡았다. 박상영 교수는 2대 위성의 궤도 비행 작업 경험이 있다."

황정아 박사는 SNIPE에 대해, 진정한 의미에서 한국이 만든 첫 과학 위성이라고 자랑스럽게 소개했다. 그는 "순수하게 과학 연구를 목적으로 위성 본체가 설계됐다. 이번 위성은 과학이 먼저다. 지금까지는 위성 본체가 결정되고, 그에 맞춘 과학 탑재체가 결정되는 식이었

　　12장 세계 최초 위성 4대 편대 비행에 도전한다

다. 이번 SNIPE 위성에서는, 위성을 개발하는 방식 자체를 바꾼 것이다. 우리가 궁금해하고 아직까지 풀리지 않는 미스터리를 풀기 위해서는 위성이 목적으로 하는 고도는 여기여야 하고, 과학 탑재체는 어떤 성능을 보유하고 있어야 하는지, A부터 Z까지 과학자들이 결정하고 있다."라고 설명했다. (SNIPE, 즉 도요샛 위성은 2021년 발사 예정이었으나 2022년 3월 현재 2022년 연말로 발사가 연기되었다.)

황정아 박사는 지금까지 한국이 발사한 과학 기술 위성에서 과학은 언제나 후순위였다고 했다. 기상 관측, 통신, 해양 관측이 1순위였다. "과학은 언제나 부(副)탑재체였다. 첫 탑재체의 필요에 따라 위성의 무게, 전력, 고도가 이리저리 움직이면, 우선 순위에서 밀리는 과학 탑재체는 늘 그에 맞춰야만 했다. 그런 면에서 한국은 위성 개발에 있어서 후진국 시스템이었다."라고 그는 목소리를 높였다.

SNIPE의 과학 목적은 우주 날씨 예보다. 우주에서는 우주선(cosmic ray)이라고 불리는 고에너지 입자가 지구로 많이 날아온다. 이 입자로부터 지구를 보호하는 게 눈에 보이지 않는 지구 자기장이다. 지구 자기장으로 둘러싸여 있는 영역을 지구 자기권이라고 한다. 양극 지역은 지구 자기권이 우주로 열려 있는 지역이다. 열려 있는 자기력선을 따라서 고에너지 입자들이 지구로 들어온다. 이러한 입자들이 지구 대기와 부딪혀 내는 빛이 바로 오로라다.

SNIPE은 오로라 입자 관측을 목표로 한다. 이 밖에도 SNIPE은 통신에 장애를 주는 고위도에서의 전자 밀도 급증(polar cap patch) 현상과 전리층(ionosphere, 지상 60~1,000킬로미터 상공에 있으며 전자와 이온으로 이뤄져 있다.) 통신을 교란하는 적도 플라스마 거품 현상을 감시하게 된다. 지구 저궤도에 존재하는 플라스마 파동을 감시하는 일도 할 예정이다.

황정아 박사는 카이스트 물리학과 95학번이다. 카이스트 학부 신입생 561명 중 여학생 수가 처음으로 100명이 넘어서 95학번 여학생은 선배들로부터 남다른 사랑을 받았다고 했다. 하지만 561명 중 물리학과에 진학한 여학생은 3명뿐이었다. 그중에서 박사 학위까지 간 사람은 황 박사가 유일하다.

그는 전라남도 여수 출신이다. 전남 과학 고등학교를 2년 만에 졸업하고 카이스트에 진학했다. 대학 2학년 때 물리학과를 선택했다. 물리학과 선택 이유를 묻자 "똑똑한 친구들이 모두 물리학과로 갔기 때문"이라며 웃었다. 물리학과에 가서는 민경욱 교수가 지도하는 우주 과학 실험실을 선택했다. 물리학과에 있는 연구실 수십 개 중 우주 과학 실험실을 선택한 이유 역시 "우주 과학 실험실에 들어가려는 경쟁이 가장 치열했기 때문"이었다. 그는 승부욕이 남달리 강해 보였다. 학교 다닐 때도 위장에 구멍이 날 정도로 공부했다고 했다.

"민경욱 교수님은 한국 인공 위성 과학 탑재체의 아버지라고 할 수 있다. 미국 프린스턴 대학교에서 학위를 하고 카이스트에 초빙되어 왔다. 내가 실험실에 들어갔을 때 교수님은 카이스트 인공 위성 연구 센터의 탑재체 연구 책임자였다. 우주 과학 실험실 소속 학생 3~4명을 인공 위성 센터에 파견해 위성 탑재체를 만들게 했다. 내가 인공 위성 연구 센터에 파견된 학생 중 1명이었다. 위성 탑재체를 만드는 게 매력적인 일이라고 생각했다. 위성과의 인연은 거기에서 비롯됐다."

당시 그가 만든 인공 위성 탑재체는 고에너지 입자 검출기(solid state detector)였다. 1메가전자볼트 이상의 에너지를 가진 전자가 실리콘 센서에 부딪히면 이 에너지를 전압 신호로 변환한다. 그러면 센서에 부딪힌 입자의 개수와 에너지 크기를 알 수 있다. 탑재체를 실은 위성은 과학 기술 위성 1호(우리별 4호)라는 이름으로 2003년 9월 러시아에서 발사됐다. 황정아 박사는 직접 만든 인공 위성이 우주에 올라가 신호를 처음 보내왔을 때의 짜릿함은 어떤 것과도 비교할 수 없다고 했다. 기초 과학 연구자가 그 같은 황홀한 경험을 하기는 쉽지 않다고 했다. 지금도 우주를 돌고 있는 이 인공 위성 안쪽에 자신의 이름을 금박으로 써 놓았다고 했다.

물리학과 박사 학위 논문을 위성 탑재체라는 하드웨어로 쓸 수는 없었다. 한국의 위성 기술은 그때만 해도 세계 정상의 수준이 아니었기 때문에 그 위성이 내놓은 데이터의 질도 떨어질 수밖에 없었다. 제대로 된 내용의 논문을 쓰기 위해서는 ESA, NASA와 같은 우주 선진국의 좋은 데이터를 연구해야 했다. 전자 보드를 직접 납땜질하며 하드웨어를 만들랴, 소프트웨어를 만들기 위해서 프로그래밍하랴, 논문 쓰기 위한 기초 과학 연구하랴 정신이 없었다.

"일반 기초 과학 연구자보다 3~4배 힘들게 박사 과정을 보냈다. 논문은 지구의 밴앨런대의 고에너지 입자 동역학에 관해 썼다. 밴앨런대로 박사 논문을 쓴 건 한국에서 내가 처음이다."

2006년 박사 학위 논문 제목은「상대론적 전자들의 동역학: 지구

한국 천문 연구원 내 우주 환경 감시실 내부. 이곳에서 연구원들은 태양 활동을 감시하고 지구에 어떤 영향을 줄 수 있는지 관측한다. 한국 천문 연구원 제공 사진.

자기권에서 씨앗 전자와 파동-입자 간 상호 작용(Dynamics of relativistic electrons: seed electrons and wave-particle interactions in the inner magnetosphere)」이다. 이후 10년간 밴앨런대를 주제로 쓴 논문이 한국에는 없었다. 한국 천문 연구원에 들어온 것은 2007년이다. 일반적으로 한국 천문 연구원은 취업이 어렵다. 한국 천문 연구원에 들어가는 것은 "하늘 문이 열려야 허용된다."라고 황 박사는 말했다.

황정아 박사를 만난 천문 연구원 내 우주 환경 감시실의 한쪽 벽에는 "우리는 우주 환경 변화로부터 안전한가?"라고 쓰여 있다. 황정아 박사는 2016년부터 2019년까지 우주 환경 연구 센터 운영 과제 책임자였다. 태양과 우주가 지구 환경에 주는 위험성을 감시하는 게

12장 세계 최초 위성 4대 편대 비행에 도전한다

이 방의 목적이다. 방 한쪽 대형 스크린은 태양의 실시간 모습을 네 가지 색깔로 보여 준다. "이 건물 옥상에 7미터 크기 접시 안테나가 있다. 밴앨런대에 올라가 있는 NASA 위성 2개가 보내오는 데이터를 한국 천문 연구원이 수신해서, 미국 NASA에서 받은 자료와 합성한다. 실시간으로 태양 활동을 감시하고 있다."

밴앨런대는 지구 반지름의 3~6배 높이 상공에 자리 잡고 있다. 밴앨런대는 정지 궤도 위성에 치명적인 피해를 입힐 수 있다. 통신 위성과 같은 정지 궤도 위성은 밴앨런대 약간 위를 돈다. 문제는 다른 자연 현상과 마찬가지로 밴앨런대도 크기가 줄었다 늘어났다 한다는 것이다. 밴앨런대가 늘어나면 인공 위성에 오동작이 일어날 수 있다. 그러면 위성을 운영하는 한국 항공 우주 연구원에서 한국 천문 연구원으로 우주 환경의 이상 유무에 대한 확인 전화가 걸려 온다.

그는 항공기 고도에서의 우주 방사선 피폭 문제를 연구하고, 이를 입법으로까지 연결시켰다. 북극 항로를 통과하는 국제선 항공기는 위도가 낮은 항로를 지나갈 때보다 더 많은 방사선 폭격을 받는다. 미국 동부 노선을 자주 오가는 여행자는 자신도 모르게 고에너지 우주 방사선에 두들겨 맞는다.

"카이스트에서 고에너지 입자 검출기를 제작해 봤기 때문에 우주 방사선에 관해 꽤 알고 있었다. 대한항공이 2007년부터인가 북극 항로를 운행하기 시작했다. 극지 쪽 지구 대기로 고에너지 입자가 지구 자기력선을 타고 침투한다. 우주 방사선은 태양 폭발이 일어났을 때는 평소보다 수십 배 높아질 수 있다."

국내 항공사들은 황정아 박사의 관련 연구에 우호적이지 않았다. "불필요하게 위험을 부풀린 광우병 같은 것 아니냐며 조사를 거부했다. 하지만 이 문제에 민감한 대한항공 노조가 협조해 줘 항공기 조종사들이 측정기를 갖고 다니며 우주선 피폭량을 측정할 수 있었다."

2013년 생활 주변 방사선 안전 관리법 18조(우주 방사선의 안전 관리 등)가 시행에 들어간 것은 황정아 박사의 우주 방사선 연구 덕분이다. 18조 1항은 "항공 운송 사업자는 우주 방사선에 피폭할 우려가 있는 운항 승무원 및 객실 승무원의 건강 보호와 안전을 위하여 노력하여야 한다."라고 명시하고 있다.

황정아 박사가 관심을 갖는 영역은 2개 더 있다. 여성 과학자와 과학 커뮤니케이터로서 역할이다. 그는 여성 과학자에 대한 성차별에 분노했다. 그는 한국 천문 연구원 여성 협의회 회장을 역임했다. 그는 WISET(한국 여성 과학 기술인 지원 센터, 2021년 6월 한국 여성 과학 기술인 육성 재단으로 기관명을 변경했다.)의 통계 조사 결과를 찾아 보여 주며 "7퍼센트라는 수치를 알면 된다. 관리자 수준 진급자 중 여성이 전체의 7퍼센트다. 학회나 여성 교수의 비율도 7퍼센트, 국립 대학 여성 교수도 7퍼센트다."라고 목소리를 높였다. 황정아 박사는 미투(metoo) 운동으로 상징되는 한국 사회의 남녀 성차별 반대 움직임과 관련 "이공계에서는 이러한 문제 제기가 아직 시작되지도 않았다."라며 개탄했다.

황정아 박사는 과학 커뮤니케이터로서 부지런히 일한다. 2012년 10대를 겨냥한 『우주 날씨를 말씀드리겠습니다』라는 책을 낸 것도 그 노력의 일부다. 그는 "학교를 찾아다니며 강연을 하다 보니 책을 쓰게 됐다. 일반인에게 과학을 쉽게 설명하는 것이 중요하다는 것을 깨달았다. 과학 분야에 세금을 쓰는 게 왜 중요한지를 설명해야 한다. 대중을 설득해야 과학도 발전할 수 있다. 이렇게 생각하자 대중을 만나 말하는 시간이 아깝지 않았다."라고 말했다.

황정아 박사는 세 아이의 어머니이기도 하다. 하지만 출산을 전후해 한 번도 직장에서 공백 기간을 갖지 않았다. 이공계에서 여성이 경력 단절 없이 일하는 것은 여전히 혹독한 경험이다.

4부

우주 초거대
구조의 메시지

13장 우주는 거대한 입자 가속기?!

박일흥

성균관 대학교 물리학과 교수

우주에서는 아주 높은 에너지를 가진 입자가 날아온다. 우주에서 만들어진 입자를 우주선이라고 하는데, 어디에서 만들어지는지가 미스터리다. 우주선의 기원이 박일흥 성균관 대학교 물리학과 교수의 연구 주제다. 성균관 대학교 수원 캠퍼스 내 연구실로 그를 찾아갔다. 그리고 '이런 연구자가 한국에 있었나?' 싶어서 놀랐다. 박일흥 교수는 우주선을 탐지하는 검출기를 만들고, 우주선이 만들어지는 곳으로 추정되는 천체를 보기 위한 우주 망원경을 만들고, 지구 궤도에 올려 연구한다.

박일흥 교수는 "우주 실험은 통상 5~10년이 걸린다. 학자가 통상 20~30년 연구할 수 있다고 보면, 살면서 우주 실험을 2번 정도 할 수 있다. 그런데 나는 우주 실험을 5번 했다."라고 말했다. "지난 20년간 우주에 올릴 위성 수단을 찾느라 시간을 다 보냈다. '좋은 과학'을 하기 위해 러시아와 미국 NASA를 찾아다니며 위성 탑재체를 쏘아 올려 달라고 부탁했다."

연구자로서 어떤 과학적인 질문을 가슴에 품어 왔는지를 물었다. "한 우물을 파는 학자가 많다. 나는 조금 다르다. 지적인 즐거움을 찾아 다양한 주제를 연구한다. 5년 주기로 새로운 걸 찾아 나선 것 같다."

2000년대 초반에는 우주선 기원을 찾았다. 우주선이 어디에서 만들어지는지, 우주선을 만들어 내는 우주의 입자 가속기가 무엇인지 알고 싶었다. 국내외 소수 연구자만이 보유한 고난도 기술의 규소 우주선 검출기를 당시에 제작했다. 그리고 이를 남극 대륙에 가지고 가 NASA의 초대형 기구에 실어 몇 차례 띄웠다. 우주선의 정체를 파악하려는 실험이었다. 이 실험에서 발견한 것은 예상 외로 우주에 200기가전자볼트대의 우주선이 특히 많다는 점이었다. 우주선 에너지가 높으면 높을수록 검출되는 입자의 수가 줄어야 하는데, 200기가전자볼트에서는 입자의 수가 떨어지지 않았다. 이후 여러 실험에서도 같은 결과가 나왔다. 그 이유는 모른다.

2000년대 후반에는 감마선 폭발을 연구했다. 감마선은 파장이 가장 짧은 빛이다. 전자기파 중 가장 높은 에너지를 가졌다. "감마선 폭발은 우주에서 일어나는 가장 강력한 폭발이다. 우주에서 하루에도 몇 번씩 일어난다. 원인과 과정은 정확히 알려져 있지 않다. 우리 은하에서 터진다면 수초 안에 지구의 모든 걸 날려 버릴 거다. 그 정도로 강력하다."

감마선 폭발이 알려진 것은 1990년대로 얼마 되지 않았다. 블랙홀과 중성자별 충돌, 혹은 초신성보다 더 질량이 큰 극초신성(hypernova)의 최후 모습에서 감마선 폭발 현상이 일어난다. 그는 감마선 폭발이 어디에서 일어나는지 알아내기 위해 이를 추적하는 우주 망원경을 개발했다. "NASA는 2004년에 감마선 폭발을 탐지하기 위해 닐 게릴스 스위프트 우주 망원경(Neil Gehrels Swift Observatory, SWIFT)을 올렸다. SWIFT는 감마선 폭발이 있을 경우 그 방향으로 망원경을 돌리는 데 1분이 걸린다. 내가 만든 망원경은 1초 만에 돌릴 수 있다. 감마선 폭발 바로 직후부터 사건을 관측할 수 있다."

망원경 개발 프로젝트 이름은 UFFO(Ultra-Fast Flash Observatory)다. '초고속 플래시 관측기'라는 뜻이다. 박일흥 교수는 "제작 기술에서 나온 여러 특허는 물론, 관측 결과로도 논문을 많이 썼다."라고 말했다. UFFO는 2016년 4월 러시아 발사체를 통해 성공적으로 올라갔다. 하지만 안타깝게도 6개월 뒤에 가동이 중단됐다. 러시아 위성의 배터리가 나가 버리는 바람에 우주 망원경도 멈춰 버렸다.

박일흥 교수는 우주 공간에서 가동되는 중력파 검출기를 연구해 왔다. 중력파는 블랙홀–블랙홀 혹은 블랙홀–중성자별이 충돌할 때 나오는, 시공간을 흔드는 충격파다. 그가 만들려는 중력파 검출기는 LIGO와 같은 지상용이 아니라 지구 궤도 같은 우주에서 작동하는 검출기다. 유럽 연합은 우주에서 중력파를 검출하기 위해 레이저 간섭계 우주 안테나(Laser Interferometer Space Antenna, LISA)를 개발하고 2030년 중반 가동한다는 계획을 갖고 있다. 박일흥 교수는 "우리는 레이저 대신 별빛을 이용하는 별빛 간섭계 우주 안테나를 준비하고 있다.

13장 우주는 거대한 입자 가속기?!

이 방식은 최초의 시도다. 2018년부터 진행해 왔고, 2025년 실험을 시작하게 될 것이다."라고 말했다.

이 프로젝트는 다음 세대를 위한 작업이다. 박일홍 교수는 수년 후 은퇴하기 때문에, 프로젝트의 성공과 결과를 현직에서는 보기 힘들 수도 있다. 한국의 대학교는 65세가 되면 연구 성과에 상관없이 교수들을 퇴직시킨다. 이 연구에는 원은일 고려 대학교 교수, 최기영 성균관 대학교 교수, 박명구 경북 대학교 교수, 이창환 부산 대학교 교수가 참여하고 있다. 그는 최소한 후배 학자들이 세계적인 성과를 내놓을 것으로 확신하고 있었다.

박일홍 교수는 10년 전부터 지상 우주선 검출 실험을 미국 유타 주 사막에서 미국과 일본 학자와 함께 진행하고 있다. 가장 높은 에너지의 우주선을 검출하는 게 지상 실험의 목표. 망원경 집합체인 TA(Telescope Array) 프로젝트는 2014년 북두칠성 인근에서 초고에너지 우주선(ultra-high-energy cosmic ray)이 날아온다는 것을 처음 알아냈다. 우주선이 한 방향에서 꾸준히 날아온다는 것은 우주선이 만들어지는 특정 장소가 있다는 뜻이다. 이것을 제대로 규명하기 위해 유타 주 사막에 경기도만 한 땅을 추가로 확보해 검출기를 새로 설치하고 있다. 박일홍 교수의 대학원생 4명도 이곳에 가서 일하고 있다. 박 교수를 찾아가 만난 것은 2019년 4월이다.

박일홍 교수는 고려 대학교 물리학과를 졸업하고 미국 뉴저지 주립 대학교인 럿거스 대학교에서 박사 학위를 했다. 1985년에 유학 가서 1989년에 박사 학위를 받았다. 그 기간 중 2년은 일본에 가 있었다. 일본 고에너지 가속기 연구 기구(The High Energy Accelerator Research Organization, KEK는 고에너지 가속기 연구 기구를 일본어로 읽은 것의 머리글자를 딴 것이다.)의 AMY 실험에 참여했다. "한국에 AMY 키드가 많다."라며, 서울대학교 김선기 교수, 경북대 김홍주 교수와 김귀년 교수, 미국 시카고 대학교의 김영기 교수 등 15명이 넘는다고 했다. 박 교수는 "그때가 입자 물리의 황금기였다"라고 말했다.

박일홍 교수의 박사 학위 논문 제목은 「비(非)아벨 QCD의 실험적인 증거(Experimental evidence for the non-Abelian nature of QCD from a study of multijet events produced in e+ e− annihilation+)」이다. 강력 상수 측정 결과를 담았다. 물리학 분야 최상위 학술지《피지컬 리뷰 레터스(Physical Review Letters)》에 논문이 실렸다. 박일홍 교수는 "내 논문은 QCD 분야 10대 업적으로 불렸다. 이 논문으로 나의 지도 교수는 정년을 보장받을 수 있었다."라고 말했다.

QCD는 양자 색역학(quantum chromodynamics)의 줄임말로, 쿼크 입자의 상호 작용을 설명한다. QCD 물리학 분야에서는 몇 개의 노벨 물리학상이 나왔다. 그중 2004년 노벨상 수상자 3명(데이비드 그로스(David Gross), 데이비드 폴리처(David Politzer), 프랭크 윌첵(Frank Wilczek))이 스톡홀름에 갈 수 있었던 데 자신의 논문이 기여했다고 박일홍 교수는 말했다.

미국에서 박사 학위를 받은 후 1989년 독일로 함부르크 소재 독일 국립 고에너지 연구소(Deutsches Elektronen-Synchrotron, DESY)로 갔다. 이곳에서 헤라(HERA, Hadron-Electron Ring Accelerator)라는 가속기를 이용한 ZEUS 실험에 참여했다. 1991년부터 가동을 시작한 HERA는 전자와 양성자를 충돌시키는 가속기다. 박사 후 연구원 박일홍은 이때 HERA 가속기를 작동시키는 중앙 제어 총책임자였다. 그는 "연구자 450명 중 가장 중요한 사람 중 1명이었다"라고 말했다. 박일홍 박사는 DESY에서 1993년까지 일하면서 데이터를 성공적으로 획득했고, 박사 논문에서 연구한 강력 상수가 에너지 크기에 의존한다는 사실을 다시 한번 증명했다.

이렇게 4년간의 박사 후 연구원 시절을 보내면서 영구직 일자리를 찾고 있을 때 미국에서 좋은 제안이 왔다. 미국은 당시 텍사스 주 왁사해치에 차세대 입자 가속기인 초전도 초대형 충돌기(Superconducting Super Collider, SSC)를 짓고 있었다. 건설 공정이 5분의 1 정도 진행되었을 무렵, 이를 총괄하는 연구소인 SSCL(SSC Laboratory)에서 SSC 입자 가속기를 이용한 대형 실험 그룹 2개 중 하나의 검출기를 총괄 제어하는 중책을 맡아 달라는 연락이 왔다. 독일 DESY 제우스 실험의 성공적 가동에 대한 능력을 평가한 것이다. 연봉 7만 달러(약 8억 원)라는 파격적인 조건이었다. 수영장이 있는 집을 구할 수 있었고, 텍사스에서 꿈만 같은 시절이 시작됐다. 그런데 3개월 만에 모든게 끝나고 말았다. 어느 날 그의 상사가 "SSC 프로젝트 중단 발표가 1주일 후에 있다. 우리 모두 해고된다."라고 귀띔해 왔다. 비보(悲報)였다. 이어서 상사는 "너무 슬퍼하지 마라. 너는 젊지 않냐. 나는 UCLA 교수직을 던지고 왔다. 나는 나이가 많아 이제 갈 데도 없다."라고 했다. 100일도 안 돼 해고되면서 다시 자리를 찾아야 했다. 미국 오하이오 주립 대학교로 일단 갔다. 교수가 아니라 연구원 신분으로. 그리고 1995년

경북 대학교 초빙 교수로 한국에 돌아왔다. 2000년 서울 대학교 전임 강사, 2002년 이화 여자 대학교 물리학과 교수, 그리고 2012년 성균관 대학교 물리학과 교수로 옮겼다.

박일홍 교수는 입자 물리학자로 시작했으나, 이화 여자 대학교 교수 때 천체 물리학으로 관심 분야를 바꿨다. SSC 중단 이후 입자 물리학의 시대는 끝났다는 게 그의 생각이다. 박일홍 교수는 "입자 실험 그룹은 연구자가 보통 수백 명 이상으로 경쟁이 치열한 반면 천체 물리학은 그룹에 속한 연구자가 수십 명 정도여서 내가 가진 생각을 펴기가 쉽다."라고 말했다.

미국 메릴랜드 대학교의 서은숙 교수가 제안한 우주선 실험 공동 연구를 계기로 우주선 연구를 시작했다. 서은숙 교수는 "우주선을 검출할 규소 검출기를 한국에서 만들 수 있겠냐?"라고 물었고 이에 박일홍 교수는 "해 본 적은 없으나, 한국이 반도체 강국이니 한번 해 보겠다."라고 답했다.

그의 성균관대 실험실 벽에는 2002년부터 만들기 시작한 반도체 우주선 검출기 1호가 걸려 있었다. 가로와 세로 모두 1미터 정도의 크기. "우주선이 규소 검출기를 통과하면서 에너지를 잃는데, 잃는 정도를 전기 신호로 읽으면 우주선이 어떠한 성분(우주선 핵의 전하량)인지를 알아낼 수 있다. 제작 경험이 없어 만드는 데 무척 고생했다. 5년 정도 걸렸다. 많은 대학원생의 땀과 눈물을 기억하고 있다."

1호 규소 검출기는 2004년에, 그리고 2005년부터는 2층으로 만든 2호 검출기를 남극으로 가지고 가 NASA의 초대형 기구에 실었다. 그리고 우주선 검출 실험을 했다.

우주선은 1912년 최초로 발견됐다. 오스트리아의 빅토르 헤스 (Victor Hess)가 그 공로로 1936년 노벨 물리학상을 받았다. 양전자 (positron), 파이온(pion), 뮤온(muon) 발견은 모두 우주선 연구를 통해 이 뤄졌다. 우주선을 통한 입자 물리학 연구는 이후 주춤했다. 지상에 서 가동되는 입자 가속기 충돌 실험이 에너지가 큰 입자를 만들어 냈기 때문이다. 그런데 우주선이 다시 주목받고 있다. 입자 가속기에 서 새로운 입자가 발견되지 않으면서다.

과학자들은 스위스 제네바 유럽 입자 물리 연구소의 대형 강입자 충돌기가 만들어 내는 입자들을 다 보았고, 지금은 혹시 그간 못 본 게 있나 해서 데이터를 확인하는 작업을 하고 있을 뿐이다. LHC의 차세대 입자 가속기를 만들지 않는 한 입자 가속기 실험은 당분간 화 제 중심에 서기 힘들다는 분위기다.

하지만 우주에서는 지금도 무지막지한 에너지를 가진 입자가 날 아온다. 초고에너지 우주선이다. 우주 어딘가에 있는지 모르나 자연 이 만든 입자 가속기는 인간이 만들 수 있는 에너지보다 훨씬 높은 에너지를 가진 입자를 생산해 지구로 날려 보내고 있다. 인간이 만든 입자 가속기의 에너지 상한선이 14테라전자볼트라면, 자연은 그보 다 1억 배 강한 우주선을 만들어 낸다. 이로 인해 초고에너지 우주선 이 물리학자에게 다시금 매력적인 연구 대상으로 떠올랐다.

박일홍 교수에게 우주에 올린 실험 장치를 활용해 그동안 진행 한 연구를 다시 정리해 달라고 부탁했다. 4~5개 되는 실험 장치가 그의 실험의 꽃이라고 생각했기 때문이다. 그랬더니 그는 메가 번개 (megalightning, 상층 대기 번개) 이야기를 꺼냈다. 2008년 한국 최초의 우주인 이소연 씨가 우주 정거장에 올라갔을 때 진행한 실험 중 하나가 박일홍 교수가 만든 초소형 추적 망원경을 활용한 것이었다. 이것으로 1주일간 우주 정거장에서 메가 번개를 촬영했다.

"메가 번개는 구름 위에서 생긴다. 보통 번개가 구름 아래쪽에서 치는 것과 다르다. 항공기 시대가 열리고, 특히 제2차 세계 대전 때부터 비행기 조종사들이 구름 위에서 헛것을 보았다는 소문이 돌았다. 사람들은 그런 말을 믿지 않았다. 나는 메가 번개가 생기는 이유를 알아보기 위해 조금 이상한 망원경을 만들었다."

박일홍 교수는 메가 번개가 지구 어디에서 많이 치는지를 보여 주는 '메가 번개의 세계 지도'를 그렸다. 러시아 과학자와 함께 작업을 했는데 메가 번개는 대부분 내륙에서 발생한다는 것을 알게 되었다. 하지만 왜 구름 위에서 번개가 치는지, 그 원인을 아직 완벽하게 규명하지는 못했다. 우주에서 날아오는 고에너지 입자가 메가 번개의 원인이 아닐까 하는 이론만 나와 있다.

2009년에는 중앙아시아 카자흐스탄 내 러시아 우주 센터 바이코누르 기지에서 타티아나II 위성에 실어, 개선된 초소형 추적 망원경을 지구 궤도에 올렸다. 박일홍 교수는 이때 바이코누르 기지에 가서 망원경 발사를 지켜보았다. 바이코누르 기지에서 인공 위성 발사는 밤에 진행된다. 5킬로미터 떨어진 숙소에서 발사장까지 가는 길에 본 중앙아시아 초원의 밤하늘은 잊을 수가 없었다. 하늘에 가득한 수많은 별, 때때로 지나가는 낙타 행렬, 그렇게 멋있는 곳은 처음이었다.

2016년에는 거대한 감마선 폭발을 극히 빠르게 포착하기 위해 본격적인 추적 망원경을 역시 러시아 위성에 실어 올려 보냈다. 2010년부터 5년간 개발한 UFFO 패스파인더에 가시광, 자외선 망원경과 엑스선 망원경을 탑재해 로모노소프 위성에 실어 우주로 보냈다. 이때 로켓은 러시아가 새로 건설한, 극동 아무르 주에 있는 보스토치니 기지에서 발사했다. 러시아의 블라디미르 푸틴 대통령은 자국 내 새로 건설한 우주 기지에서 이뤄지는 최초의 로켓 발사라는 상징성 때문에 현장을 찾았다. 보스토치니 기지는 2조 원을 들여 만든 러시아의

감마선 폭발 감지용 우주 망원경 패스파인더. 위키피디아에서.

야심작이다.

UFFO 패스파인더의 가시광 망원경은 천체들을 성공적으로 촬영했고, 엑스선 망원경 역시 우주의 잡음을 예상대로 측정, 지상에 데이터를 전송했다. 이 데이터로 천체 물리학 분야 상위 10퍼센트 학술지에 논문 7편을 발표했다. 발사 후 6개월 동안 여러 개선 작업을 하면서 감마선 폭발이 일어나기를 기다리던 2016년 12월이었다. 앞에서 말한 대로 UFFO 패스파인더는 데이터를 더 이상 지상에 보내지 못하게 된다. 러시아 위성의 전력 시스템이 고장 나는 바람에 탑재체인 감마선 폭발 추적 망원경이 전력을 공급받지 못해 작동 불능 상태가 되었기 때문이다.

박일홍 교수는 감마선 폭발을 찍지 못하고 프로젝트가 단명한 게 내내 가슴 아프다. 한국의 천체 물리학 커뮤니티는 물론 세계 커뮤니티에서도 기대가 컸던 실험이라고 했다. 당시 UFFO 그룹에는 한국 연구자만 20명, 외국인 연구자도 러시아, 스페인, 프랑스, 덴마크, 대만 등 20명이 넘었다. 감마선 폭발이 초기 1분 이내의 포착된 것은 지난 20년간 거의 없었기 때문에 기대가 컸다. 1초 이내인 극히 초기 순간 포착은 누구도 하지 못했다. 데이터를 기다리던 젊은 연구자들은 프로젝트가 성과 없이 끝나자 좌절했다. "논문을 쓸 수 있었다면 그들은 대학교에 자리를 찾아갈 수 있었다. 그런데 그게 안 됐다. 빈손으로 연구 그룹을 떠나는 젊은 연구자들을 보면서 마음이 아팠다."

우주 실험 때는 보통 같은 기기 2개를 제작한다. 그래서 박일홍 교수에게는 1기가 여분으로 남아 있다. 박일홍 교수는 감마선 폭발

추적 망원경을 다시 지구 궤도에 올리기 위해 애써 왔고, 놀랍게도 2020년 러시아에서 희소식이 날아왔다. 러시아 최대 우주 연구 기관인 IKI(Institut Kosmicheskikh Issledovaniy)가 UFFO-100을 2024년에 발사해 주겠다고 제안해 왔다. 추적 우주 망원경의 아이디어가 높은 평가를 받고 있다. 흩어진 연구자들을 모아야 하는 데 연구비 마련 등 걱정이 앞선다.

박일홍 교수는 "2025년이면 우리가 만든 우주 중력파 검출 실험이 시작되고 그렇게 되면 초거대 질량 블랙홀에 대한 연구 성과가 나올 것이다. 이와 함께, 감마선 폭발 초기 순간의 포착으로 다중 신호 천문학 연구에서 우리가 앞장설 수 있지 않을까 기대한다. 또 2030년이 되면 우주선의 기원이 규명되며 입자 천문학 시대가 도래할 거라고 본다."라고 말했다. 그는 "신이 만약 있다면, 나를 기특하게 생각하지 않을까 생각한다. '나를 보기 위해 이것저것 참 많이 했구먼.'이라고 평가할 것이다."라고 말했다.

14장　초고에너지 우주선,
어디에서 날아왔을까?

류동수
울산 과학 기술원 물리학과 교수

울산 과학 기술원을 처음 방문했다. 류동수 울산 과학 기술원 물리학과 교수를 만나기 위해서다. 류동수 교수는 초고에너지 우주선이 어디에서 어떻게 이동해 오는지를 설명해 주목받은 바 있다. 2019년 1월 2일 미국 학술지《사이언스 어드밴시스(Science Advances)》에 논문이 실렸다.

과학자들은 초고에너지 우주선이 어디에서 만들어지는지 모르고 있다.《사이언스 어드밴시스》논문은 그 의문에 대한 답을 찾아본 것이다. 최초로 초고에너지 우주선이 만들어지는 위치와 이동 경로를 이론적으로 제시했다는 데 의미가 있다.

우주선은 우주에서 지구를 향해 날아오는 입자를 가리킨다. 지구 대기권 외곽은 우주에서 날아오는 입자들의 포격을 받고 있다. 우주선은 입자의 에너지에 따라 우주선, 고에너지 우주선, 초고에너지 우주선으로 나눌 수 있다. 우주선은 입자 에너지가 10^9(10억) 전자볼트 이하이고, 주로 태양에서 온다. 고에너지 우주선은 10^{17}, 즉 100경 전자볼트까지의 에너지를 가지며 우리 은하 내 천체에서 만들어진다. 초신성 폭발로 만들어진 충격파에서 생성될 것으로 추정된다.

류동수 교수가 연구한 초고에너지 우주선은 $10^{17} \sim 10^{20}$ 전자볼트의 에너지를 가진 것으로, 기원을 아직 모른다. 현재 지상에서 사람이 만들어 낼 수 있는 입자의 에너지가 10^{13} 전자볼트이므로, 자연은 이보다 1000만 배 높은 에너지를 가진 입자를 만들어 내고 있는 것이다. 류동수 교수는 "우리 은하에는 에너지가 아주 큰 입자를 만들 만한 천체가 없다. 우리 은하 중심의 블랙홀은 질량이 비교적 작아, 그런 입자를 만들 수 없다. 설사 만들어진다고 해서 우리 은하는 그런 높은 에너지의 입자를 잡아 둘 수 없다. 그래서 초고에너지 우주선은 우리 은하 밖에서 오는 걸로 생각한다."라고 말했다.

초고에너지 우주선의 기원은 과학계의 큰 미스터리다. 미국 과학한림원(National Academy of Science, NAS)은 2002년 물리학이 답하지 못한 문제 11개를 선정했는데, 초고에너지 우주선 기원 문제가 들어가 있다. 류동수 교수는 "이후 초고에너지 우주선의 기원 연구에 관심이 모이면서 자금이 지원됐다"라면서, 이와 관련해서 거대 국제 공동 실험 2개가 진행되고 있다고 설명했다. 아르헨티나에 있는 피에르 오제 천문대(Pierre Auger Observatory)의 AUGER 실험과 미국 유타 주에서 진행되는 TA 실험이다.

AUGER 실험은 아르헨티나 초원에서 남반구 하늘을, TA 실험은 유타 주 사막에서 북반구 하늘을 관측하며 날아오는 우주선을 검출한다. AUGER 실험은 유럽 연합 소속 국가들이 주도하며, TA 실험은 일본과 미국이 주도하고 러시아, 한국이 참여하고 있다. 북반구 하늘을 지켜보는 TA 실험이 검출 결과를 내놓았다. 북두칠성 방면에서 초고에너지 입자가 의미 있는 수치로 날아오고 있다는 것을 확인했다. 2008년 5월 11일부터 2012년 5월 4일까지 5년간 72개 초고에너지 우주선을 검출했다. 이중 19개가 북두칠성 인근 좁은 영역에서 왔다.

관측 결과를 해석하는 것은 이론 천체 물리학자의 일이다. 류동수 교수는 TA 실험에 이론가로 참여하고 있다. 실험 물리학자로 참여하는 한국인은 박일홍 성균관 대학교 교수가 있다. (13장 참조) 초고에너지 우주선은 우리 은하 밖, 그렇지만 비교적 가까운 근접 우주에서 올 것으로 추정된다. 천문학에서 근접 우주는 대략 100메가파섹 거리, 약 3억 광년 이내의 우주 공간을 가리킨다. 그런데 북두칠성 인근 근접 우주를 아무리 보아도 초고에너지 우주선을 만들 만한 천체가 없다. 천문학자들은 어리둥절했다.

류동수 교수 팀이 내놓은 가설은 북두칠성과는 조금 떨어져 있는 처녀자리 은하단이 고에너지 우주선의 출처라고 설명한다. 처녀자리 은하단은 태양계에서 5000만 광년 떨어진 곳에 있다. "처녀자리 은하단에 있는 처녀자리 A(Virgo A)라는 이름을 가진 전파 은하 등이 초고에너지 우주선의 기원이며, 우주선이 그곳에서 우주 필라멘트 (filament)라는 구조를 따라 북두칠성 방면으로 갔다가 다시 지구 쪽으로 날아왔다."라고 류동수 교수는 말한다. 컴퓨터 시뮬레이션을 통해 이런 설명이 가능함을 보였다. 그는 "답이라기보다는 하나의 제안이다."라며 겸손해했다.

은하단은 은하들이 이루는 가장 큰 천체 구조이며, 처녀자리 은하단은 우리 은하에서 가장 가까운 은하단이다. 처녀자리 은하단에서 북두칠성 방향으로 초고에너지 우주선이 어떻게 이동해 갔을까가 중요하다.

류동수 교수는 태양에서 지구를 향해 날아오는 입자의 이동 경로를 예로 들었다. 광자, 즉 빛은 태양에서 지구 쪽으로 직선으로 날아온다. 광자는 전기를 띠지 않기에 똑바로 운동한다. 반면 전기를 띤 입자는 직선 운동을 하지 못한다. 양성자나 전자는 태양과 지구 사이의 자기장에 따라 그 이동 경로가 달라진다. 전기를 띤 입자가 자기장 주변을 회전하며 이동하기 때문이다. 우주 어디에나 자기장이 있다. 자기장은 우주에서 보편적인 현상이다.

천문학자는 우주가 거미줄처럼 생겼다고 표현한다. 거대한 구조물인 은하단이 있고, 은하단은 가늘고 긴 은하 필라멘트(galaxy filament)로 연결되어 있다. 은하 필라멘트를 이루는 것은 은하군(galaxy group)이고, 은하단과 은하단이 은하 필라멘트로 연결된 모습이 거미줄을 연상시킨다고 해서 은하 거미줄(cosmic web)이라는 이름이 붙었다. 태양계가 속한 우리 은하는 국부 은하군(local group of galaxies)에 속해 있다. 즉 은하단에는 못 끼고, 그보다 작은 은하 구조인 은하군에 속해 있다. 은하단과 은하단, 그리고 그들을 잇는 은하 필라멘트가 있는 공간을 빼면 텅 빈 거대한 우주가 나온다. 이 텅 빈 우주는 보이드(void)라고 한다. 보이드는 허공(虛空)이라는 뜻을 가진 영어다.

우주 거대 구조는 은하단, 은하 필라멘트, 보이드라는 세 부분으로 구성되어 있다. 이런 우주 거대 구조에 다 자기장이 있다. 은하단의 자기장 세기는 10^6가우스이며, 은하 필라멘트의 자기장 세기가 얼마일 것이라는 힌트를 가지고 있다. 보이드에도 약하지만 자기장이 있다.

처녀자리 은하단은 초고에너지 우주선을 만들 만한 천체를 여러 개 가지고 있다. 류동수 교수는 먼저 처녀자리 은하단 내 처녀자리 A 전파 은하를 주목했다. 우주에서 가장 강력한 전파를 내뿜는 은하 중 하나다. 이 은하 중심에는 거대 질량 블랙홀이 있고, 제트에서 강력한 에너지를 방출한다. 처녀자리 A를 전파 망원경으로 바라보면 강력한 전파를 뿜어내는 게 보인다. 그래서 이 은하는 일찍 천문학계에 알려졌다. 2019년 4월 10일 인류 최초로 공개된 블랙홀 사진이 바로 처녀자리 A 중심부에 있는 블랙홀 모습이다. 프랑스 천문학자 샤를 메시에(Charles Messier, 1730~1817년)는 이 은하에 M87이라는 이름을 붙여 놓았다.

류동수 교수는 "처녀자리 A에서 만들어진 초고에너지 우주선이 은하단 자기장에 갇혀 있다가 은하 필라멘트로 빠져나간다. 초고에너지 우주선은 은하 필라멘트 자기장을 따라 돌아다니다 필라멘트 밖으로 튕겨 나올 수 있다. 이게 지구를 향해 날아왔다."라고 말했다. 이어서 그는 "난제를 풀었다고 이야기하는 건 아니다. 간접적인 증거에 근거한다. 하지만 우주 거대 구조의 물리학에 대한 현재까지의 이해를 근거로 초고에너지 우주선의 출처에 대한 설명을 시도했다."라

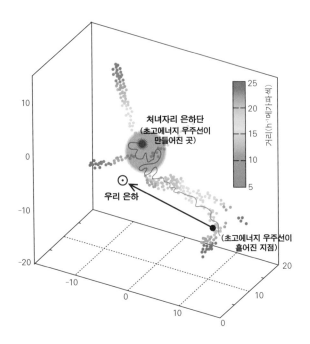

처녀자리 은하단 내 천체에서 만들어진 초고에너지 우주선이 은하 필라멘트를 따라 이동하는 모습. 류동수 교수 제공 사진.

고 설명했다.

초고에너지 우주선의 또 다른 출처 후보로는 은하단 충격파가 있다. 은하단 내부의 충격파가 초고에너지 입자를 만들 수 있다. 은하단을 전파 망원경이나 엑스선 망원경으로 관측해 보면 은하 간 매질(intracluster medium)이 보인다. 대부분이 원시 기체다. 그런데 은하 간 매질의 질량이 막대한 크기다. 은하 질량의 10배나 된다. 밀도는 낮으나 온도는 매우 높아(10^7~10^8도) 플라스마 상태다. 은하 간 매질 안에는 기체, 우주선 입자, 자기장이 있고, 이들은 복잡한 난류 운동을 하고 있는 것으로 추정된다. 이 은하 간 매질에는 충격파가 존재한다. 충격파는 은하단이 주변의 기체를 잡아먹으면서 생겨난다. 비행기가 음속을 돌파할 때 주변 공기에 충격파를 만들듯 기체의 흐름은 충격파를 만들면서 우주 공간을 흔든다. 우리 은하 내 초신성 폭발에서 생긴 충격파는 에너지가 조금 낮은 우주선을 만든다. 더 큰 은하 구조인 은하단에서는 은하 간 충격파가 은하 간 매질에 충격을 주어 초고에너지 입자로 만들 수도 있다고 추정된다.

류동수 교수는 서울 대학교 천문학과 79학번이다. 1983년 미국 텍사스 대학교 오스틴 캠퍼스로 유학 갔다. 학과 동기이자 부인인 강혜성 부산 대학교 교수와 함께 공부할 수 있는 곳을 찾아 텍사스로 갔다. 당시 텍사스 대학교 오스틴 캠퍼스가 천문학과 대학원 학생을 가장 많이 뽑았고, 두 사람이 같이 들어갈 수 있었다. 1988년 박사 학위를 받았다. 이선 비시니액(Ethan Vishniac) 교수가 은사다. 비시니액 교수는 현재 미국 천문 학회가 발간하는《천체 물리학 저널》의 편집장으로 일한다. 류동수 교수는 오스틴에서 공부를 마치고, 페르미 국립 가속기 연구소(Fermi National Accelerator Laboratory)와 프린스턴 대학교에서 각각 2년씩 박사 후 연구원으로 일했다.

페르미 연구소 생활 때 기억나는 것은 이휘소 박사의 대형 사진이다. 류동수 교수는 당시 "이휘소 박사의 초대형 사진이 연구소 내 회의실 겸 커피 마시는 공간 한쪽 벽에 걸려 있던 게 기억난다. 그 사진을 보고 한국 사람으로서 가슴 뿌듯했다."라고 말했다. 이휘소 박사는 입자 물리학자로, 1970년대 초중반 미국 입자 물리학계에서 이름을 날렸다. 1977년 교통 사고로 사망해 많은 이의 가슴을 아프게 했다. 류동수 교수는 페르미 연구소 천체 물리학 이론 그룹에서 일했다. 페르미 연구소는 당시 세계 최대 규모의 입자 가속기를 갖고 있었다. 1992년에 귀국해 충남 대학교에서 22년간 일했다. 그리고 2014년 울산 과학 기술원 물리학과가 생기면서 옮겨 왔다.

류동수 교수는 "초고에너지 우주선 연구는 내 연구의 한 부분이다."라고 말했다. 나는 이 말을 듣고 정신이 번쩍 들었다. 지금까지 그의 연구 중심이 초고에너지 우주선이라고 생각하고 집중해 경청했는데, 잘못 짚었나 싶어서였다. 류동수 교수는 무엇을 연구했을까?

그는 은하단 내 매질이 주요 연구 영역이라고 말했다. 은하단 내 매질 이야기는 앞에서 우주 거대 구조 이야기할 때 들은 바 있다. 조금 다행이었다. 그렇다면 이런 것을 연구하는 학자를 표현하는 용어는 무엇일까? 류동수 교수는 "고에너지 천체 물리학자."라고 답했다. 고에너지 천체 물리학에서는 에너지가 높은 물리 과정에서 기인한 천체 현상을 연구한다. 우주선, 충격파, 자기장이 고에너지 천체 물리학의 일부다. 고에너지 천체 물리학의 뜻을 정확히 알기 위해 자료를 찾아보니 이런 게 있다. "고에너지 천체 물리학은 고에너지 입자, 전자기파, 중력파를 탐침으로 우주의 시공간 구조를 연구한다."

류동수 교수는 우주 거대 구조가 만들어지는 과정을 시뮬레이션한 결과를 갖고 박사 논문을 썼다. 빅뱅 이후 우주에서 은하단과 같은 거대 구조가 어떻게 만들어졌을까를 알아보는 것이 목표였다. 관련 변수를 넣고 컴퓨터로 시뮬레이션을 해서 그 결과를 확인해 봤다. 류동수 교수는 "내 박사 학위 논문은 암흑 물질뿐 아니라 수소, 헬륨을 넣어 시뮬레이션을 한 것이 남들과 달랐다."라고 말했다. 수소, 헬륨을 유체로 다뤘다는 것이 의미 있는 시뮬레이션이었다.

그는 당시 유체를 다룰 수 있는 우주론 시뮬레이션 코드를 개발했다. 우주의 거대 구조가 어떻게 만들어지는지 확인하기 위해 필요한 작업이었다. 난류 운동, 복사, 충격파 등을 넣고 그 결과가 실제 우주의 천지창조와 얼마나 비슷한지를 비교하는 것이다. 류동수 교수는 "텍사스 대학 박사 시절 코드를 처음 만들었다. 프린스턴 대학교 박사 후 연구원 시절에는 코드를 수정 보완했다."라고 말했다.

류동수 교수는 지금도 컴퓨터 시뮬레이션으로 연구하고 있으며, 초고에너지 우주선 연구 논문도 시뮬레이션 작업을 거쳐 확인한 결과다. 울산 과기원 물리학과는 고성능 컴퓨터를 갖고 있어, 이를 가지고 시뮬레이션을 돌리고 있다. 그는 시뮬레이션을 많이 한다.

유학을 마치고 한국에 돌아왔을 때 류동수 교수는 미국에서 개발한 시뮬레이션 코드를 프린스턴 대학교에 놓고 왔다. "당시 한국의 연구 환경이 참 안 좋았다. 컴퓨터도, 인터넷도 그렇고. 한국 천문 연구원에 선 마이크로시스템스(Sun Microsystems) 컴퓨터가 있었는데, 낮에 쓰고 밤에는 끄고 그랬다."라고 말했다. 1970~1980년대에 공부를 마치고 귀국한 선배 연구자 중에는 연구를 포기한 사람도 많았다. 한국에서는 연구할 여건이 안 됐기 때문이다. 해외 연구자와 연결이 끊기고, 한국 내 연구 시설도 부족했다. 서울 대학교 등 몇몇 대학의 교수나 연구를 계속할 수 있는 상황이었다. 2000년대 들어 한국의 연구 환경이 좋아졌다. 슈퍼컴퓨터와 같은 장비가 생기고, 연구비 규모도 늘었다. 류동수 교수는 "지금은 한국이 유럽이나 미국보다 연구 환경이 더 좋은 측면도 있다."라고 말했다.

류동수 교수는 귀국 후 미국에서 했던 연구를 그대로 할 수 없으니, 연구 방향을 바꾸었다. 우주 거대 구조 형성에서 우주 거대 구조의 물리적인 현상으로 바꾸었다. 즉 은하 간 매질에 대한 연구를 시작했다. 그는 "은하 간 매질 연구에는 다양한 물리학이 들어가기 때문에 시뮬레이션을 부수적으로 사용하는 이론 연구의 여지가 있었다."라고 말했다. 그렇게 올린 성과 중 하나가 학술지 《사이언스》 2008년 5월 16일자에 실린 「우주 거대 구조의 난류와 자기장(Turbulence and magnetic fields in the large-scale structure of the Universe)」이다. 충남 대학교에서 일할 때 쓴 논문이다.

류동수 교수 인터뷰를 마치고 울산역으로 KTX를 타러 갔다. 열차 안에서 인터뷰 녹음을 들었다. 이야기를 들을 때 부분적으로 이해 안 되는 내용이 있어 다시 들었다. 녹음을 들으며, 류동수 교수가 설명을 참 성심껏 잘해 줬다는 것을 느낄 수 있었다.

최준석의 과학 열전 3 천문 열전

15장 은하단 충격파가 만들어 낸 효과를 찾았다

강혜성
부산 대학교 지구 과학 교육과 교수

강혜성 부산 대학교 지구 과학 교육과 교수는 "부산, 울산, 경남 지역에는 현역 천문학자가 두 사람밖에 없다. 천체 물리학자를 제외했을 때다. 그래서 2021년 부산에서 열리는 IAU 조직 위원장을 내가 맡게 됐다."라고 말했다. IAU 총회는 3년마다 개최되는 세계 천문학계의 올림픽과 같은 행사다. 부산, 울산, 경남 지역에 천문학자가 그렇게 소수라는 것이 놀라웠다. 한국은 천문학 전통이 오래된 나라인데 이렇게 천문학자가 없나 하는 생각이 들었다. 강 교수를 만난 건 2020년 2월이다.

강혜성 교수는 자신을 "대학에서 보직 한 번 맡아 본 적도 없이 연구만 해 온 백면서생."이라고 겸손해했다. 하지만 그는 한국 천문학 커뮤니티가 IAU 총회 유치를 결정한 뒤 2014년 유치 위원장을 맡아 단숨에 행사를 유치하는 실력을 발휘했다. "보통은 행사 유치 경쟁에 몇 번은 참여해야 한다. 첫 번째 유치 시도에 성공한 경우는 드물다. 한국은 2015년 하와이 호놀룰루 총회에서 처음 유치 신청을 했고, 단박에 성공했다." 부산 IAU 총회에는 각국에서 3,000명 이상의 천문학자가 참가할 것으로 예상했다. 행사는 천문학자들의 최대 규모 학회이다. IAU 총회는 국제 기구의 총회와 같은 성격도 가진다.

명왕성을 태양계 행성에서 퇴출시키기로 한 결정이 2006년 체코 프라하에서 열린 IAU 총회에서 이뤄졌다. 회원 투표로 "명왕성은 태양계의 행성으로 보지 않는다."라고 결정했다. 또 2018년 오스트리아 빈에서 열린 IAU 총회는 우주 팽창을 설명하는 허블 법칙에다 '르메트르'라는 이름을 추가했다. 미국 천문학자 허블은 1929년 은하들이 지구에서 멀어지고 있는 후퇴 속력을 측정해 우주가 팽창하고 있음을 발견했다. 조르주 르메트르(Georges Lemaître)는 허블의 발견 이전에 우주 팽창 가설을 제안한 벨기에 이론 물리학자다. 허블-르메트르 법칙은 우주 팽창을 연구한 관측 천문학자와 이론 물리학자의 기여를 모두 존중한다는 천문학 커뮤니티의 의지가 담겼다.

강혜성 교수는 부산 IAU 총회를 한국 천문학이 도약할 수 있는 기회로 삼을 계획이라 말했다. "2015년 유치 당시, 한 국가의 국내 총생산(GDP)과 그 국가가 보유하고 있는 망원경 총면적(집광력)의 상관 관계를 비교해 보았다. 이는 한 국가가 경제력 대비, 천문학에 얼마나 투자하는지 보여 주는 지표라고 볼 수 있다. 한국은 다른 나라에 비해 현저히 작다. 우리는 호놀룰루 총회 제안서 발표장에서 이 자료를 근거로 부산 총회 유치가 향후 한국 천문학의 발전에 큰 도움이 될 것이라고 호소했다. 당시 남아프리카 공화국, 칠레, 캐나다가 한국과 경쟁했다. 예컨대 남아프리카 공화국은 한국보다 GDP는 작지만 남아프리카 대형 망원경(Southern African Large Telescope, SALT)을 가지고 있다. 즉 국가 경제력에 비해 많은 투자를 천문학에 하고 있다. 유럽 국가들이 남아프리카 공화국의 천문학 및 과학 발전을 강력하게 지원하고 있었지만, IAU 임원들이 한국 팀 호소를 받아들였다. 우리의 총회 유치 제안서 발표를 보고 '당장 다음 주에라도 행사를 치를 수 있을 정도로 준비가 잘 되었다.'라고 높이 평가했다." 그러나 2021년 행사는 강혜성 교수의 대회 개최를 위한 노력에도 불구하고, 코로나19 대유행으로 열리지 못했다. 한 해 뒤인 2022년 8월로 연기됐다.

강혜성 교수의 천문학 연구에 대해 물어볼 시간이다. 강혜성 교수는 최근 은하단 충격파가 고에너지 우주선을 가속시키는 것을 집중 연구하고 있다. 그는 이론 천문학자다. 그가 말하는 은하단 충격파와 고에너지 우주선, 가속은 무엇일까?

은하단은 수천 개 이상의 은하가 집단으로 모여 있는 우주의 거대한 구조다. 태양계가 속해 있는 우리 은하에서 가장 가까운 은하단은 처녀자리 은하단이다. 처녀자리 은하단은 1,300~2,000개 은하로 구성됐다고 추정된다. 그리고 충격파는 비행기가 음속을 돌파할 때 발생하는 소닉 붐(sonic boom)으로 일반인에게도 익숙하다. 강혜성 교수는 "천문학에는 초음속 현상이 많다. 이중에서도 은하단이 생성되거나 은하단끼리 병합될 때 발생하는 충격파를 나는 연구했다."라고 말했다. 지구에 앉아 상상하기도 힘든 거대 구조물인 은하단, 그리고 은하단 초음속 현상 이야기를 접하니 흥미롭고도 낯설다.

15장 은하단 충격파가 만들어 낸 효과를 찾았다

우주선은 무엇일까? 강혜성 교수에 따르면, 우주에서 많은 에너지를 가진 입자가 지구를 향해 날아온다. 우주선은 태양에서도, 초신성이 폭발한 잔해에서도, 활동성 은하핵이 내뿜은 제트에서도 날아오고, 은하단에서도 만들어진다. 우주선은 가지고 있는 에너지에 따라 고에너지 우주선, 초고에너지 우주선 등으로 구분된다.

우주선은 주로 천체 물리 플라스마에서 발생하는 충격파에서 가속되는 것으로 알려져 있다. 태양에서 날아온 이온 입자들, 즉 태양풍이 지구에 가까이 오면 지구를 둘러싸고 있는 커다란 자기장과 만나고 그로 인해 충격파가 생긴다. 또 초신성이 우주에서 폭발하면 마치 원자 폭탄이 터질 때처럼 충격파가 생겨 주변 공간으로 퍼져나간다. 은하나 은하단에서는 물질이 모이거나 여러 은하단이 합쳐질 때 충격파가 만들어진다. 초음속으로 움직이는 플라스마 유체가 있고, 그 유체가 단단한 구조를 만나면 충격파가 생기는 것이다.

은하단에서 움직이는 유체는 주로 수소로 이루어진 플라스마이고, 온도는 수천만 도에 이른다. 플라스마는 양이온과 음이온으로 이루어진 이온화된 기체다. 플라스마에서 압력파(pressure wave)가 주변으로 확산되는 속도를 천문학자는 음속이라고 부른다. 물론 소리가 전달되는 것은 아니다. 은하단을 채우고 있는 플라스마 압력파가 움직이는 속도는 초속 수백 킬로미터에서 수천 킬로미터다. 강혜성 교수는 류동수 울산 과학 기술원 교수와 함께 은하단에서 생성되는 충격파에서 초고에너지의 양성자가 생길 수 있다는 논문을 1996년에 발표했다. 그리고 2003년에는 메가파섹 규모인 우주 구조를 컴퓨터 시뮬레이션으로 돌려 보았다. 그 결과 그곳에서 생겨난 충격파로 인해 자기장이 증폭되고 고에너지 입자가 가속될 것이라는 조금 더 진전된 이론을 만들었다.

파섹은 천문학의 거리 단위로, 1파섹은 약 3광년이다. 킬로미터 단위로는 30조 킬로미터쯤 된다. 그러니 메가파섹은 300만 광년에 해당한다. 300만 광년 거리라는 큰 구조물에서 어떤 일이 일어나는지를 컴퓨터에 데이터를 넣고 시뮬레이션을 해 본 연구 결과였다.

강혜성 교수는 "당시 천문학계는 우리의 제안을 크게 주목하지 않았다. 그런데 우리가 옳았다. 나중에 엑스선 및 전파 망원경 관측 결과를 보니 은하단에 충격파가 있다는 걸 알 수 있었다."라고 말했다.

강혜성 교수가 총알 은하단(Bullet Cluster) 이미지를 보여 줬다. 총알 은하단은 병합 중인 은하단으로 그 외곽에 뱃머리 충격파가 엑스선 관측으로 뚜렷하게 발견되었다. 뱃머리 충격파는 은하단 충격파의 증거다. 또 다른 은하단 CIZA J2242.8+5301 외곽에는 초록색의 둥그런 원호 같은 게 보였다.

"이 역시 은하단 2개가 병합되고 있는 걸 보여 준다. 수백, 수천 개의 은하가 이 안에 있다. 여기 둥글게 초록색으로 보이는 부분이 전파 망원경으로 관측한 거다. 이걸 radio relic이라고 한다. 한국어로는 뭐라고 할까? radio는 전파이고, relic은 잔해란 뜻이다. radio relic이 충격파다. 이 역시 은하단 내에 충격파가 있다는 증거다."

전파 잔해는 은하단 외곽 지역에서 방출된다. 먼저 충격파로 인해 고에너지 전자가 만들어진다. 이때 광속에 가까운 속도를 가진 전자

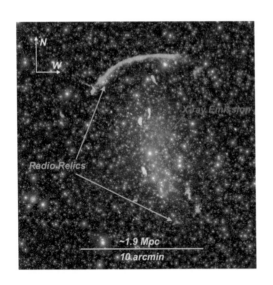

이미지 속에 'Radio Relics'라는 글자가 가리키는 부분이 '충격파'가 있다는 증거다. 은하단이 합쳐지면서 생겼다. 지명국 연세 대학교 교수 제공.

는 자기장 안에서 회전 운동하고, 그러면 이른바 싱크로트론 복사(전자기파)를 내놓는다. 강혜성 교수가 보여 준 이미지 속의 구조물은 소시지처럼 생겼다고 해서 '소시지 잔해'라는 별칭을 갖고 있다.

이 소시지 잔해를 처음 관측한 때가 2010년이다. 네덜란드 레이던 대학교 그룹이 로파(LOFAR, Low-Frequency Array) 전파 천문대에서 관측했다. 그 후 세계의 여러 전파 망원경이 더 많은 전파 잔해를 찾았다. 강혜성 교수와 류동수 교수는 전파 잔해의 이론적 모형을 계산해 네덜란드 레이던 대학교 전파 천문학자와 공동 연구하고 있다.

강혜성 교수는 은하단 말고 초신성에서도 충격파가 생기는 증거를 보여 줬다. 이미지 한쪽에 초신성 SN1006이라고 쓰여 있다. SN은 초신성을 가리키는 영어 supernova에서 딴 것이다. 초신성 주변에 보라색 원호가 보인다. 이건 초신성 충격파로 인해 가속된 고에너지 전자들이 방출하는 싱크로트론 복사라고 했다.

백색 왜성이라는 별은 그 동반성으로부터 물질을 빨아들일 수 있는데, 그렇게 흡수하다가 별의 총질량이 일정 크기 이상이 되면 자체 중력을 견디지 못해 붕괴하고 폭발한다. 이렇게 폭발하는 백색 왜성을 Ia형 초신성이라고 하며, 이때 초신성은 밤하늘을 몇 주 동안 환하게 장식한다. SN1006은 1006년에 폭발한 Ia형 초신성이다. 역사에 기록된 가장 밝은 초신성인데 우리는 지금 그 폭발의 잔해를 보고 있다.

충격파는 입자를 어떻게 가속하는 것일까? 강혜성 교수가 이미지 하나를 보여 줬다. 가운데 충격파라고 쓴 전선 같은 게 있고, 플라스마는 충격파 전선의 한쪽에서부터 다른 쪽으로 지나간다. 플라스마 입자 대부분은 충격파와 부딪치면 운동 에너지의 일부를 잃고 대신 열에너지를 얻어 충격파의 아래쪽으로 내려간다. 그런데 극히 일부 입자는 충격파를 뚫고 지나간다. 플라스마에 깔려 있는 전자기파와 상호 작용해서 운동 에너지를 얻었기에 반대편으로 건너간 것이다. 그리고 충격파 전선을 왔다 갔다 하는 것을 반복하면서 에너지를 얻어 고에너지 우주선이 된다. 이러한 가속 과정은 지구 주변에 만들어진 충격파에 우주 탐사선을 보내 직접적으로 입자의 에너지 분포를 측정해 입증되었다.

고에너지 우주선의 에너지가 어느 정도이냐는, 충격파 속도, 자기장 세기, 전자기파 등이 플라스마에 얼마나 있느냐에 따라 달라진다. 그것을 수치로 계산해 내는 게 강혜성 교수가 하는 일이다. 1996년 논문에서는 "우주 거대 구조가 형성되는 과정에서 발생한 충격파에서 양성자가 10^{19}전자볼트까지 가속되는 게 가능하다."라는 연구 결과를 내놨다. 이는 당시 어디에서 만들어지는지 모르는 높은 에너지($10^{19.5}$전자볼트) 우주선의 기원을 알아냈다는 의미가 있었다. 2010년까지 초고에너지 우주선 기원 연구를 많이 했다.

에너지가 높을수록 지구에서 관측할 수 있는 우주선의 수가 줄어들고, 그래서 이를 관측하기 위해서는 수백 킬로미터 크기의 검출기를 설치해야 한다. 남반구의 AUGER 실험과 북반구의 TA 실험이 초고에너지 우주선 검출을 위한 시설이다. 강혜성 교수는 최근에는 은하단 충격파에서 가속되는 고에너지 양성자들을 통해 방출할 것으로 기대되는 감마선이, 왜 관측되지 않는가 하는 미스터리를 연구하고 있다.

강혜성 교수는 어려서 폴란드 출신 물리학자 마리 퀴리(Marie Curie)의 전기를 읽고 과학자가 되었다. 부모님은 공부 잘하는 딸에게 의대를 가라고 권했으나 1979년 서울 대학교 천문학과에 진학했다. 그리고 천문학과 동기생인 류동수 교수와 1985년 결혼하고 미국 오스틴의 텍사스 대학교에서 1988년 박사 학위를 받았다. 박사 후 연구원으로 미국 미네소타 주립 대학교와 프린스턴 대학교에서 일했다. 1992년 부산 대학교 연구원으로 귀국했고 1995년까지 일했다. 그러나 자리가 나지 않아 다시 미국으로 건너가 시애틀의 워싱턴 주립 대학교와 미네소타 주립 대학교에서 연구했다. 부산 대학교 교수가 된 건 1999년이다. 류동수 교수는 충남 대학교에서 일했기에 주말 부부 생활을 오래 했다. 그리고 2014년 류 교수가 울산 과기원으로 옮기면서 가족이 모여 살 수 있게 되었다.

강혜성 교수는 "한국에는 고에너지 천체 물리 현상을 이론적으로 연구하는 사람은 상대적으로 소수이고, 대신 전통적으로 관측 천문학자가 많다. 그래서 류동수 교수와 공동 연구를 많이 한다."라고 말했다. 이어서 그는 "특히 류동수 교수는 수학적 능력이 뛰어나 대학생 때부터 지금까지 어려운 수학 문제를 물으면 무조건 풀어 주거나 심지어 해를 구하는 컴퓨터 코드까지 만들어 준다."라며 웃었다.

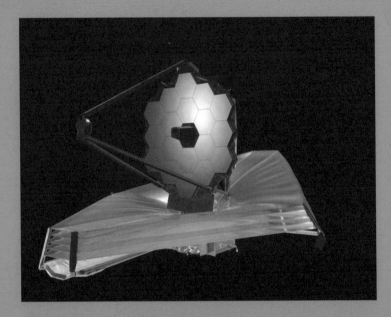

제임스 웹 우주 망원경은 2021년 12월 25일 프랑스령 기아나 우주 센터에서 발사됐다. 제임스 웹 망원경은 허블 망원경의 뒤를 이어 더 먼 우주, 더 작은 천체를 찾을 것이다. 위키피디아에서.

지금 당장 천문학을

2021년 12월 25일 크리스마스를 전후해 제임스 웹 우주 망원경이 마침내 우주에 올라간다고 해서 국제 천문학계는 들뜬 분위기다. 제임스 웹 우주 망원경은 허블 우주 망원경을 대신하는 차세대 우주 망원경. 우주 망원경은 지상이 아니라, 우주 공간에 올라가 천체를 관측한다. 우주에서는 지상에서보다 별빛을 훨씬 정확하게 관측할 수 있다. 지구 대기의 빛 산란이라는 방해를 받지 않기 때문이다.

실제 허블 망원경은 놀라운 관측을 해냈다. 제임스 웹 우주 망원경은 허블보다 성능이 100배라고 하니, 성공적으로 발사되고 라그랑주 점 2, L2에 안착했기에 더 놀라운 관측 결과를 내놓을 것으로 기대된다. 그래서 제임스 웹 우주 망원경을 연구에 사용할 한국 연구자가 있을까가 궁금해졌다.

제임스 웹 우주 망원경은 미국(NASA)과 유럽(ESA), 캐나다(CSA)가 힘을 합쳐 만들었다. 한국의 기여는 없다. 거대 과학(big science) 프로젝트 측은 장비 사용을 자국 말고 외부 연구자에게도 일부 개방한다. 제임스 웹 우주 망원경도 비싼 관측 시간의 일부를 좋은 연구 주제를 가진 다른 나라 연구자에 대해 제공할 것이라고 생각했다.

NASA 홈페이지를 뒤지니 제임스 웹 우주 망원경이 라그랑주 점 L2(지구에서 보면 태양 쪽이 아닌, 반대쪽에 있다.)에 도달하면 그것을 이용해 관측할 수 있는 연구 과제 제안들을 받았고, 그것을 심사한 결과가 있었다. 2020년 11월 24일 접수를 마감했고, 결과는 2021년 3월 21일에 발표했다. 심사 결과는 우주 망원경 과학 연구소 홈페이지에 나와 있다. 「제임스 웹 제1주기 일반 관측자/아카이브 연구 결과(JWST Cycle 1 GO/AR Results)」란 자료다.

제임스 웹 우주 망원경은 일정 시간이 지나면 본격적인 과학 연구에 투입된다. 향후 5~10년 가동되는데, 시기별로 나눠 장비를 사용하게 된다. 우선 제1주기는 2022년 일정 시기까지 6,000시간을 일반 관측자에게 배정할 예정이다. 시간을 배정받은 천문학자를 그가 속한 국가별로 분류한 표가 있다. 책임 연구자(PI) 인구 통계가 맨앞에 나와 있다.

책임 연구자는 특정 독립 프로젝트의 리더다. 책임 연구자 전체 수는 258명이고, 국가별로 보면 미국이 180명이고, 영국이 22명, 독일이 14명, 캐나다와 네덜란드가 각각 10명 순으로 많다. 미국과 유럽, 캐나다가 프로젝트에 돈을 투자했으니, 그 나라 연구자가 많이 선정된 것은 당연하다. 세 나라가 막대한 돈(100억 달러, 약 12조 원)을 들여 우주 망원경을 만든 것은 자국 천문학 연구를 지원하기 위해서였다.

한국은 어떨까? 4명이 책임 연구자가 되겠다고 제안서를 냈으나, 유감스럽게도 1명도 선정되지 않았다. 다른 동아시아 국가 천문학자는 얼마나 책임 연구자가 되었을까? 일본은 역시 천문학 강국이다. 37명이 책임 연구자로 제안서를 제출했고, 3명이 선정됐다. 눈에 띄는 곳은 대만이다. 8명이 신청해 2명이 뽑혔다. 이 밖에 중국이 5명이 신청해 1명 선정되었다.

책임 연구자 말고 공동 책임 연구자(co-principal investigator, CoPI) 자료도 있다. 공동 책임 연구자는 말 그대로 책임 연구자와 프로젝트 진행의 책임을 나누는 사람이다. 공동 책임 연구자 명단에도 한국 천문학자 이름은 보이지 않는다. 일본은 8명, 대만은 1명이 이름을 올렸다.

다음은 공동 연구자(co-investigator) 통계다. 공동 연구자는 주연구자를 도와 연구하는 사람. 한국인 11명이 들어가 있다. 일본은 104명, 중국 27명, 대만 10명 순이다. 미국은 2,080명, 영국은 302명이다.

제임스 웹 우주 망원경을 갖고 하는 연구의 책임 연구자가 되어, 자신의 과학적 질문을 풀어 보려고 했던 한국 천문학자는 누구였을까를 생각했다. 이 책의 8장에 소개된 경희 대학교 우주 과학과 이정은 교수가 떠올랐다. 이정은 교수는 원시별 탄생과 행성 생성을 연구한다. 지상 최대의 전파 망원경 간섭계인 ALMA를 이용해 태어나고 있는 원시별의 행성 원반에서 유기 분자를 2019년에 검출한 바 있다. 그에게 전화를 걸어 물었다.

이정은 교수는 "내 이름으로 직접 신청을 하지는 않았고, 경희대 박사 과정 학생과, 천문 연구원의 박사 후 연구원을 PI로 하는 관측

지금 당장 천문학을

프로젝트 2개를 신청했다. 둘 다 탈락했다. 경희대 학생의 제안은 매우 높은 평가를 받았는데, 안타깝게 탈락했다."라고 말했다. 내가 전화를 제대로 건 것이었다. 한국인이 책임 연구자가 되겠다며 신청한 프로젝트 4건 중 2건의 내용은 파악했다. 다른 2건은 누구일까? 이정은 교수도 모른다고 했다.

이정은 교수는 공동 연구자로는 하나의 프로젝트가 성공적으로 관측 시간을 확보했다고 했다. 이정은 교수 말을 듣고 우주 망원경 과학 연구소 사이트에 들어가 자료를 더 뒤졌다. 우주 망원경 과학 연구소는 허블 우주 망원경 운영과 관리를 책임지는 기관이고, 제임스 웹 우주 망원경의 운영 관리도 한다. 미국 메릴랜드 주 볼티모어의 존스 홉킨스 대학교에 자리 잡고 있다. 한국인 관련 자료가 더 보였다. 공동 연구자로 참여한 한국인 이름이 몇 개 더 나온다. 11명 모두의 이름을 다 확인할 수는 없었다. 경희 대학교 이정은 교수와 김철환 학생, 그리고 고등 과학원 물리학부 전현성 박사, 한국 천문 연구원 양유진 박사(광학 천문 본부 은하 진화 그룹 그룹장), 김재영 박사(우주 천문 그룹) 이름이 보인다. 이들은 무엇을 연구하려는 것일까?

허블 망원경이 찍은 100억 년 전 우주 모습을 '허블 딥 필드(Hubble Deep Field)'라고 한다. 북두칠성 자리 인근의 별이 없어 보이는 지점에다 허블 망원경을 들이대고 계속 사진을 찍은 결과, 이런 오래된 우주를 볼 수 있었다.

제임스 웹 우주 망원경은 1990년부터 가동되었던 허블 우주 망원경을 대체하게 된다. 허블 우주 망원경은 수없이 많은 성과를 거뒀고, 그중에서도 가장 큰 성과로 얘기되는 것은 허블 딥 필드 발견이다. 허블 딥 필드는 북두칠성 근처에 있는, 100억 광년 이상 떨어진 은하들이 있는 작은 영역을 가리킨다. 연세 대학교 천문학자 이석영 교수(은하 진화 연구)는 『모든 사람을 위한 빅뱅 우주론 강의』에서 허블 딥 필드 이야기를 잘 들려준다. 이석영 교수 이야기를 옮겨 본다.

"허블 딥 필드 프로젝트는 우주 나이가 30억~40억 년일 때를 관찰하는 연구 계획이었다. 이 시기는 많은 은하가 태어나기 시작하는 때였다. 관측되는 하늘 크기는 100미터 거리에 있는 테니스공 정도로 작다. (북두칠성 근처의) 이 영역은 이전의 관측에서는 그 어떤 천체도 보고된 적이 없는 텅 빈 하늘이었다. 허블 딥 필드 프로젝트는 어찌보면 아무것도 없는 하늘을 무작정 바라보자는 무모한 계획이었다. …… 연구팀은 (1995년 12월) 10일이 넘는 귀하디 귀한 허블 관측 시간을 허공에 사용한 결과, 위업을 이뤄냈다. 그들은 아무것도 없는 것처럼 보였던 허공에서 100억 년 전 우주 모습을 엿보았다. 놀랍게도 그때 벌써 우주는 은하들로 가득 차 있었다."

제임스 웹 망원경의 목표는 무엇일까? NASA는 제임스 웹 우주 망원경의 목표를 네 가지라고 밝혔다. ① 빅뱅 이후 생겨난 최초의 은하혹은 발광 물체를 찾는다, ② 은하가 처음 만들어진 뒤 어떻게 지금까지 진화했는지를 알아낸다, ③ 별 형성 최초 단계에서부터 행성계 형성까지 관찰한다, ④ 행성계의 물리 및 화학 특성을 측정하며, 여기에는 우리의 태양계가 포함된다. 그리고 행성계에서 생명이 있을 가능성을 조사한다.

제임스 웹 우주 망원경은 허블 우주 망원경에 비해 주경도 크고 성능이 100배 좋다. 망원경이 좋다는 것은 멀리 볼 수 있다는 것을 말한다. 멀리 본다는 것은 더 먼 과거를 관측할 수 있다는 뜻이다. 제임스 웹 우주 망원경 사이트는 "허블 우주 망원경이 아장아장 걸어 다니는 은하들(toddler galaxies)을 봤다면, 제임스 웹 우주 망원경은 아기 은하들(baby galaxies)을 볼 수 있다."라며 "특히 최초의 별을 볼 수 있다."라고 말한다. 허블 망원경이 우주 나이 30억~40억 살일 때의 허블 딥 필드를 포함해 우주가 빅뱅 후 10억 년일 때까지 모습을 보았다면, 제임스 웹 우주 망원경은 빅뱅 후 3억~4억 년까지 볼 수 있을 것으로 기대된다.

경희 대학교 이정은 교수가 참여하는 연구는 NASA가 밝힌 제임스 웹 우주 망원경의 목표 세 번째(별 형성 관측)와 네 번째 카테고리(행성계의 물리학 및 화학 특성 측정)에 속한다. 이경은 교수는 전화 통화에서 자신의 연구를 이렇게 설명했다. "지금까지는 원시별이 탄생할 때 나중에 행성이 될 원반에서 기체를 보았다. 제임스 웹 우주 망원경은 뛰어난 장비이므로 더 볼 수 있다. 기체가 되기 전 얼음 상태로 있는 걸 보려고 한다. 몇 개의 환경이 다른 원시별들에 대해 그런 걸 관측해서, 유기 분자들의 성분이 별이 만들어지는 환경에 따라 어떻게 달라지는지를 연구하려고 한다."라고 말했다.

고등 과학원 전현성 연구원(외부 은하 관측 전공)은 3개 프로젝트에 공동 연구자로 참여하고 있다. 전현성 연구원은 초대형 블랙홀과 활동 은하핵 연구자. 그가 참여하는 연구 과제 중 하나는 '제임스 웹 우주 망원경을 통해 재이온화 시기에 있는 가장 먼 퀘이사를 종합적으로 보기'다. 빅뱅 후 4억 년 당시의 퀘이사라는 천체를 보겠다는 프로젝트다. 퀘이사는 초대형 블랙홀이 만들어 내는 거대 발광체. 전현성 연구원은 연구 내용을 묻는 이메일에 "초기 우주에서 활동 은하의 블랙홀이 얼마나 무거웠는지, 꽤 무거웠다면 블랙홀은 무거운 은하들이 모여 있는 환경을 선호하는지, 혹은 블랙홀의 성장 과정에서 얼마나 많은 빛이 주변을 이온화시키는지를 알려고 한다."라고 답했다.

지금까지 제임스 웹 우주 망원경 이야기를 길게 했다. 한국 천문학의 현주소를 재점검하기 위해서다. 한국 천문학은 일본에는 댈 수도 없고, 맹활약하는 대만에도 못 미치지 않나 싶다. 대만이 하와이에 있는 서브 밀리미터 간섭계인 SMA(Sub-Millimeter Array)를 가동하기 시작한 게 2003년이다. 이어서 2010년대 초 칠레에 세계 최대 전파 망원경 간섭계인 ALMA를 건설할 때 적극 참여한 바 있다. 한국은 이제야 해외 천문대의 지분을 확보하고, 새로운 대규모 망원경 건설에 회원국으로 참여하는 수준이다.

한국 천문 학회 회장으로 일한 류동수 울산 과학 기술원 물리학과 교수는 내게 이런 말을 한 적이 있다. 기초 과학 연구원에 기초 과학 분야에 걸쳐 연구단들이 31개 있으나 천문학 분야 연구단은 하나도 없다고.

천문학은 기초 중에서도 기초 과학에 속한다. 한국은 천문학에 쓰는 세금의 절대 액수가 적다. 또 후발 주자 한국이 세계 천문학을 따라잡을 방법으로 한국 천문학계는 중성미자 관측소 건립을 2020년

말 과학 기술부에 제안한 바 있다. 제안에 당국이 어떤 반응을 보였다는 말을 들어본 적이 없다.

세종 때의 천문 관측이 세계적인 수준인 양 묘사하는 드라마를 본 적 있다. 그때는 높은 수준이었을지 모르겠지만 21세기 한국 천문학은 딴판이다. 드라마에 취해 있을 때가 아니다. 천문학을 지원해야 한다.

더 읽을거리

1장 노벨상이 틀렸다, 암흑에너지는 없다

Kang, Y., Lee, Y.-W., Kim, Y.-L., Chung, C., Ree, C., "Early-type Host Galaxies of Type Ia Supernovae. II. Evidence for Luminosity Evolution in Supernova Cosmology", *The Astrophysical Journal*, 889(1), (2020).

Lee, Y.-W., Kim, J., Johnson, C. et al., "The Globular Cluster Origin of the Milky Way Outer Bulge: Evidence from Sodium Bimodality", *The Astrophysical Journal Letters*, 878(1), (2019).

Lee, Y.-W., Demarque, P., & Zinn, R., "The Horizontal-Branch Stars in Globular Clusters. II. The Second Parameter Phenomenon", *The Astrophysical Journal*, 423(248), (1994).

이영욱, 「암흑에너지가 없다는 쪽에 다 건다!」, 2021 봄 카오스 강연 '우주대토론', 카오스 사이언스 유튜브. https://youtu.be/BE1i20DzaAc.

손원제, 「암흑에너지는 없다, K-천문학이 쏘아올린 대논쟁」, 《한겨레신문》, 2021년 6월 7일.

최지영, 「새 은하 발견 이영욱 연세대 교수」, 《중앙일보》, 2002년 2월 25일.

2장 은하들은 왜 이런 모습일까?

MJ Park, K Y Sukyoung, Y Dubois, C Pichon, T Kimm, J Devriendt, H Choi, et al., "New

Horizon: On the Origin of the Stellar Disk and Spheroid of Field Galaxies at z= 0.7 ",
The Astrophysical Journal, 883(1), 25, (2019).

D Calzetti et al., "Star formation in NGC 5194 (M51a): the panchromatic view from
GALEX to Spitzer", *The Astrophysical Journal*, (2005).

Sukyoung Yi, Pierre Demarque, Yong-Cheol Kim, Young-Wook Lee, Chang H Ree,
Thibault Lejeune, Sydney Barnes, "Toward better age estimates for stellar populations:
the Y2 isochrones for solar mixture", *The Astrophysical Journal Supplement
Series*, (2001).

이석영, 『모든 사람을 위한 빅뱅 우주론 강의』(사이언스북스, 2017년).

이석영, 『초신성의 후예』(사이언스북스, 2014년).

이석영 외, 『기원, 궁극의 질문들: 렉처 사이언스 KAOS 9』(반니, 2020년).

3장 중성 상태의 우주를 재이온화시킨 것은?

Kim, Yongjung et al., "The Infrared Medium-deep Survey. VI. Discovery of Faint
Quasars at z ~ 5 with a Medium-band-based Approach", *The Astrophysical
Journal*, Volume 870, Issue 2, (2019).

Kim, Yongjung, Im, Myungshin et al., "The Infrared Medium-deep Survey. IV. The Low
Eddington Ratio of A Faint Quasar at z~ 6: Not Every Supermassive Black Hole is
Growing Fast in the Early Universe", *The Astrophysical Journal*, (2018).

Kim, Yongjung, Im, Myungshin et al., "Discovery of a Faint Quasar at z ~ 6 and
Implications for Cosmic Reionization", *The Astrophysical Journal Letters*, Volume
813, Issue 2, article id. L35, 5 pp. (2015).

임명신 외, 『미래과학』(반니, 2018년).

4장 우주 급팽창의 직접적인 증거를 찾다

Eric V. Linder, Minji Oh, Teppei Okumura, Cristiano G. Sabiu, and Yong-Seon Song,
"Cosmological constraints from the anisotropic clustering analysis using BOSS DR9",
Physical Review D, 89, 063525, (2014).

Yong-Seon Song, Wayne Hu et al., "The Large Scale Structure of f(R) Gravity", *Physical
Review D*, 75 (2007).

5장 중성자별끼리 충돌하니 지구만 한 금덩어리가

Y Lim, CH Hyun, K Kwak, CH Lee, "Hyperon puzzle of neutron stars with Skyrme force models", *International Journal of Modern Physics E*, 24(12), (2015).

Y Lim, K Kwak, CH Hyun, CH Lee, "Kaon condensation in neutron stars with Skyrme-Hartree-Fock models", *Physical Review C*, 89(5), 055804, (2014).

CH Lee, GE Brown, M Rho, "Kaon condensation in nuclear star matter", *Physics Letters B*, 335(3-4), 266-272, (1994).

이창환 외, 『미지에서 묻고 경계에서 답하다』(사이언스북스, 2013년).

6장 거대 질량 블랙홀이 뿜어내는 제트가 미스터리

Janssen, M., Falcke, H., Kadler, M. et al., "Event Horizon Telescope observations of the jet launching and collimation in Centaurus A", *Nature Astronomy*, 5, 1017-1028 (2021).

Jee Won Lee, Bong Won Sohn, Do-Young Byun, Jeong Ae Lee and Sungsoo S. Kim, "Simultaneous dual-frequency radio observations of S5 0716+714: A search for intraday variability with the Korean VLBI Network", *Astronomy & Astrophysics*, 601, A12 (2017).

손봉원 외, 『미래를 읽다 과학이슈 11 season 9』(동아엠앤비, 2021년).

7장 거대 질량 블랙홀과 은하 진화

JH Woo et al., "A 10,000-solar-mass black hole in the nucleus of a bulgeless dwarf galaxy", *Nature Astronomy*, 3 (8), 755-759 (2019).

Misty C Bentz et al., "The low-luminosity end of the radius-luminosity relationship for active galactic nuclei", *The Astrophysical Journal*, 767(2), (2013).

Woo, J.-H. & Urry, C. M., "AGN black hole masses and luminosities", *The Astrophysical Journal*, 579 (2002).

우종학, 『우종학 교수의 블랙홀 강의』(김영사, 2019년).

강영안, 우종학, 『대화』(복있는사람, 2019년).

우종학 외, 『기원 the Origin』(휴머니스트, 2016년).

8장 행성의 요람에서 유기 분자를 발견하다

Lee, Jeong-Eun et al., "The ice composition in the disk around V883 Ori revealed by its stellar outburst", *Nature Astronomy*, Volume 3, p. 314-319, February 2019.

Lee, Jeong-Eun et al., "Formation of wide binaries by turbulent fragmentation", *Nature Astronomy*, Volume 1, id. 0172 (2017).

Lee, Jeong-Eun, Bergin, Edwin A., Evans, Neal J., "Evolution of Chemistry and Molecular Line Profiles during Protostellar Collapse", *The Astrophysical Journal*, 617(1), pp. 360-383. December 2004.

이정은 외, 『미래과학: 렉처 사이언스 KAOS 6』(반니, 2018년).

9장 제2의 지구, KMTNet으로 찾는다

Cora Han et al., "Three microlensing planets with no caustic-crossing features", *Astronomy & Astrophysics*, 650:A89, June 2021.

Sun-ju Chung, "Properties of Central Caustics in Planetary Microlensing", *The Astrophysical Journal*, 630(1):535 December 2008.

10장 중력파, 천체 물리학 역사를 새로 쓴다

오정근, 『중력파, 아인슈타인의 마지막 선물』(동아시아, 2016년).

오정근, 『중력 쫌 아는 10대』(풀빛, 2020년).

11장 우주 망원경, 우리 손으로 직접 만든다

Tomotsugu Goto et al., "Infrared luminosity functions based on 18 mid-infrared bands: revealing cosmic star formation history with AKARI and Hyper Suprime-Cam", *Astronomical Society of Japan*, 71(2) (2019).

Il-joong Kim et al., "MIRIS Pa α Galactic Plane Survey. I. Comparison with IPHAS H α in $\ell = 96° - 116°$", *The Astrophysical Journal Supplement Series*, 238(2):28 (2018).

12장 세계 최초 위성 4대 편대 비행에 도전한다

J Seough, PH Yoon, J Hwang, "Simulation and quasilinear theory of proton firehose instability", *Physics of Plasmas*, 22(1), 012303 (2015).

황정아, 「상대론적 전자들의 동역학: 지구 자기권에서 씨앗 전사와 파동-입자간 상호작용(Dynamics of relativistic electrons : seed electrons and wave-particle interactions in the inner magnetosphere)」, 《한국과학기술원》, 2006년.

황정아 외, 「북극 항공로 우주방사선 안전 기준에 관한 연구」, 《한국우주과학회보》, 18권 2호, 2009년.

황정아, 『우주날씨 이야기』(플루토, 2019년).

황정아 외, 『십 대, 미래를 과학하라!』(청어람미디어, 2019년).

황정아, 『우주 날씨를 말씀 드리겠습니다』(꼬마이실, 2012년).

13장 우주는 거대한 입자 가속기?!

IH Park, MI Panasyuk, V Reglero, P Chen, AJ Castro-Tirado, S Jeong, et al., "UFFO/Lomonosov: The payload for the observation of early photons from gamma ray bursts", *Space Science Reviews*, 214(1), 1-21 (2018).

IH Park, S Schnetzer, J Green, S Sakamoto, F Sannes, R Stone, "Experimental evidence for the non-Abelian nature of QCD from a study of multijet events produced in annihilation", *Physical review letters*, 62 (15), 1713 (1989).

14장 초고에너지 우주선, 어디에서 날아왔을까?

J Kim, D Ryu, H Kang, S Kim, SC Rey, "Filaments of galaxies as a clue to the origin of ultrahigh-energy cosmic rays", *Science advances*, 5 (1), eaau8227 (2019).

Ryu, D., Kang, H., Cho, J. & Das, S., "Turbulence and Magnetic Fields in the Large Scale Structure of the Universe", *Science*, 320, 909-912. (2008).

RM Kulsrud, R Cen, JP Ostriker, D Ryu, "The protogalactic origin for cosmic magnetic fields", *The Astrophysical Journal 480*, (2), 481 (1997). D Ryu, ET Vishniac, "A linear stability analysis for wind-driven bubbles", *The Astrophysical Journal*, 331, 350-358 (1988).

15장 은하단 충격파가 만들어 낸 효과를 찾았다

H Kang, D Ryu, TW Jones, "Diffusive shock acceleration simulations of radio relics", *The Astrophysical Journal*, 756 (1), 97 (2012).

D Ryu, H Kang, E Hallman, TW Jones, "Cosmological shock waves and their role in the large-scale structure of the universe", *The Astrophysical Journal*, 593 (2), 599 (2003).

PR Shapiro, H Kang, "Hydrogen molecules and the radiative cooling of pregalactic shocks", *The Astrophysical Journal*, 318, 32–65 (1987).

도판 저작권

찾아보기

최준석의 과학 열전 3

천문 열전

블랙홀과 중성자별이 충돌한다면?

1판 1쇄 찍음 2022년 8월 15일
1판 1쇄 펴냄 2022년 8월 30일

지은이 최준석
펴낸이 박상준
펴낸곳 (주)사이언스북스

출판등록 1997. 3. 24.(제16-1444호)
(06027) 서울시 강남구 도산대로1길 62
대표전화 515-2000, 팩시밀리 515-2007
편집부 517-4263, 팩시밀리 514-2329
www.sciencebooks.co.kr

ⓒ 최준석, 2022. Printed in Seoul, Korea.

ISBN 979-11-92107-21-9 04400
ISBN 979-11-92107-18-9 (세트)